SECONDE THÈSE

PROPOSITIONS DONNÉES PAR LA FACULTÉ

De la mesure des indices de réfraction des liquides.

Vu et approuvé :

Paris, le 20 juillet 1901.

Le Doyen de la Faculté des Sciences,

G. DARBOUX.

Vu et permis d'imprimer :

Paris, le 20 juillet 1901.

Le Vice-Recteur de l'Académie de Paris,

GRÉARD.

NANCY. — IMPRIMERIE NANCÉIENNE

THÈSES

PRÉSENTÉES

A LA FACULTÉ DES SCIENCES DE PARIS

POUR OBTENIR

LE GRADE DE DOCTEUR ÈS-SCIENCES NATURELLES

PAR

Noël BERNARD

Agrégé-Préparateur à l'École normale supérieure.

1re THÈSE. — ÉTUDES SUR LA TUBÉRISATION.

2me THÈSE. — PROPOSITIONS DONNÉES PAR LA FACULTÉ.

Soutenues le   novembre 1901, devant la Commission d'Examen.

MM. BONNIER . . . . . . *Président.*

MUNIER-CHALMAS. . }

GIARD . . . . } *Examinateurs.*

Paul **DUPONT**, Éditeur

4, rue du Bouloi, 4

PARIS

—

1901

THÈSES

PRÉSENTÉES

A LA FACULTÉ DES SCIENCES DE PARIS

POUR OBTENIR

LE GRADE DE DOCTEUR ÈS-SCIENCES NATURELLES

PAR

Noël BERNARD

Agrégé-Préparateur à l'École normale supérieure.

1ʳᵉ **THÈSE**. — ÉTUDES SUR LA TUBÉRISATION.

2ᵐᵉ **THÈSE**. — PROPOSITIONS DONNÉES PAR LA FACULTÉ.

Soutenues le   novembre 1901, devant la Commission d'Examen.

MM. BONNIER . . . . . . *Président.*
MUNIER-CHALMAS. .
GIARD . . . . } *Examinateurs.*

Paul DUPONT, Éditeur
4, rue du Bouloi, 4
PARIS

—

1901

FACULTÉ DES SCIENCES DE L'UNIVERSITÉ DE PARIS

MM.

Doyen	Gaston DARBOUX, Profʳ.	Géométrie supérieure.
Professeur honoraire	Louis TROOST.	
	LIPPMANN	Physique.
	HAUTEFEUILLE	Minéralogie.
	BOUTY	Physique.
	APPELL.	Mécanique rationnelle.
	DUCLAUX.	Chimie biologique.
	BOUSSINESQ	Physique mathématique et Calcul des probabilités.
	PICARD	Analyse supérieure et Algèbre supérieure.
	H. POINCARÉ.	Astronomie mathématique et Mécanique céleste.
	Yves DELAGE.	Zoologie, Anatomie, Physiologie comparée.
	Gaston BONNIER	Botanique.
	DASTRE.	Physiologie.
	DITTE.	Chimie.
Professeurs	MUNIER-CHALMAS. . .	Géologie.
	GIARD.	Zoologie, Évolution des êtres organisés.
	WOLF	Astronomie physique.
	KŒNIGS.	Mécanique physique et expérimentale.
	VÉLAIN.	Géographie physique.
	GOURSAT.	Calcul différentiel et Calcul intégral.
	CHATIN	Histologie.
	PELLAT.	Physique.
	HALLER.	Chimie organique.
	H. MOISSAN	Chimie.
	JOANNIS.	Chimie (Enseignement P. C. N.)
	P. JANET.	Physique (Id.).
	N.	Zoologie, Anatomie, Physiologie comparée.
	PUISEUX.	Mécanique et Astronomie
	RIBAN.	Chimie analytique.
	RAFFY.	Analyse et Mécanique.
Professeurs-adjoints	LEDUC	Physique.
	MATRUCHOT	Botanique.
	HAUG	Géologie.
	HADAMARD.	Calcul différentiel et calcul intégral.
Secrétaire.	FOUSSEREAU.	

A M. J. COSTANTIN

MAÎTRE DE CONFÉRENCES A L'ÉCOLE NORMALE SUPÉRIEURE

A M. G. BONNIER

MEMBRE DE L'INSTITUT

PROFESSEUR A LA FACULTÉ DES SCIENCES DE PARIS

Hommage de respectueuse reconnaissance.

ÉTUDES SUR LA TUBÉRISATION

par **M**. Noël **BERNARD**.

INTRODUCTION

I

La vie en commun des animaux et des plantes supérieures avec des végétaux inférieurs (Nostocacées, Bactériacées ou Champignons) apparaît de plus en plus comme un phénomène d'une grande généralité. Il semble au moins très rare qu'un être ne soit pas au cours de sa vie infesté à quelque moment par certains de ces microorganismes. Dans l'étude de ces infections, il est commode et généralement possible de distinguer deux cas.

L'infection peut être *accidentelle* et ne se rencontrer que chez un certain nombre d'êtres, tandis que d'autres êtres de la même espèce ne la présentent pas. Les individus atteints se distinguent alors des autres individus de l'espèce par des caractères spéciaux considérés comme les symptômes d'une maladie. Ces *symptômes indicateurs* permettent en général de reconnaître facilement les infections accidentelles ; ils ont de bonne heure attiré l'attention, et, dans l'étude des infections, on s'est tourné tout d'abord vers les maladies microbiennes.

Mais il y a aussi des cas où l'infection est *normale* : tous les êtres de la même espèce la présentent dans la nature. Si, dans ce cas, l'infection a encore pour conséquence l'apparition de certains caractères chez les êtres atteints, ces caractères doivent exister, comme l'infection même, chez tous les individus de l'espèce, *ils ont dû forcément être considérés comme des caractères spécifiques*. En un mot, s'il y a des *symptômes*, ce ne sont plus des symptômes indicateurs permettant de prévoir immédiatement l'infection. Il y a là pour la reconnaissance des infections normales une difficulté réelle, qui peut à elle seule expliquer que l'on soit relativement peu avancé dans leur étude.

De nombreux cas d'infection normale sont aujourd'hui connus chez les végétaux ; j'en prendrai pour préciser seulement trois exemples.

Les racines des Légumineuses sont toujours infestées par un bacille ; aux points atteints se produisent des nodosités qui sont un symptôme facilement appréciable de l'infection.

Les radicelles des arbres forestiers sont généralement enveloppées d'un manchon de mycélium qui reste localisé à leur extérieur ; les radicelles infestées présentent des ramifications nombreuses, courtes et renflées ; cette conformation spéciale, dite *coralloïde*, a été indiquée par Frank comme un symptôme de l'infection.

Les nodosités des racines, ou leur aspect coralloïde sont des déformations se produisant au lieu même de l'infection ; elles ont été facilement reconnues comme symptômes bien que, par leur extrême diffusion dans les espèces ou les familles atteintes, elles eussent pu constituer des caractères spécifiques ayant quelque valeur. Mais il existe des cas où de semblables symptômes immédiatement appréciables font défaut. C'est ce qui se produit dans les cas *d'infection par des champignons filamenteux endophytes*, dont quelques-uns seront étudiés dans ce travail.

Il importe en effet de remarquer que les infections de ce type, très répandues chez les végétaux, n'ont été connues tout d'abord que par des travaux patients de statistique. L'examen microscopique des racines a seul permis de reconnaître les plantes infestées et celles qui ne le sont pas, sans qu'aucun caractère extérieur parût, à première vue, distinguer les unes des autres.

Peu après les premiers travaux de Frank (1), qui mettaient en évidence la fréquence et l'importance des associations de plantes supérieures et de champignons, Wahrlich (2) montra, par une statistique portant sur plus de 500 Orchidées, que la présence de champignons endophytes est normale pour les plantes de cette famille ; Schlicht (3) examina à cè point de

(1) B. Franck. — Ueber die auf Wurzelsymbiose beruhende Ernährung gewisser Báume durch unterirdischer Pilze *(Berichte der deutschen bot. Gesellschaft,*1885*)*.

(2) Wahrlich. — Beitrag zur Kentniss der Orchideenwurzelpilze.*(Bot. Zeit.,*1886*)*.

(3) Schlicht. — *Berichte der deutschen, bot. Ges. 1888.*

vue un grand nombre de plantes herbacées prises au hasard ;
Janse (1), par l'étude de plantes appartenant aux diverses
familles existant dans une forêt tropicale, reconnut une infection
dans 69 cas sur 75. Dans un récent mémoire, E. Stahl (2) donne
une statistique étendue des cas connus jusqu'ici et en ajoute de
nouveaux ; j'aurai moi-même à en indiquer quelques-uns.

En relevant dans ces diverses statistiques les cas d'infection
par des endophytes, on se trouve en présence d'une liste compre-
nant les plantes les plus diverses (Muscinées, Cryptogames vasculaires, Phanérogames), dont aucun caractère particulier n'avait
fait en général soupçonner l'infection.

Ceci paraît ne pouvoir s'expliquer que de deux manières : ou
bien ces infections normales ne sont accompagnées d'aucun symptôme facilement appréciable ; ou bien elles ont pour symptômes
des caractères *constants* que nous avons l'habitude de considérer
comme héréditaires ou spécifiques et dont, par cela même, l'importance comme caractères *indicateurs* ne nous apparaît pas.

La première de ces hypothèses m'a de tout temps paru diffici-
lement admissible. Je suis parti de la seconde, dont j'espère
montrer ici la légitimité, et je me suis proposé de chercher *quels
sont les symptômes de ces infections normales par des champignons
endophytes.*

II.

Quelques plantes de la famille des Orchidées m'ont fourni les
premiers et les plus importants matériaux pour cette recherche.
L'infection normale est de règle pour toutes les plantes de cette
famille ; on ne peut donc pas songer à découvrir les symptômes de
cette infection en comparant soit des plantes de la même espèce,
soit des plantes d'espèces voisines. Mais il arrive, c'est le cas pour
les Ophrydées, qu'une même plante au cours de sa vie s'affranchit
de l'infection à des époques bien déterminées ; on peut alors comparer ce qui se passe pendant deux périodes successives : avant et
après la contamination. De cette comparaison il résulte avec une
entière évidence que la plante a deux modes de développement

---

(1) Janse. — Les endophytes radicants de quelques plantes javanaises (*Ann. du
jardin de Buitenzorg*, xiv).

(2) E. Stahl. — Der Sinn der Mycorhizenbildung. (*Pringsheim's Jahrb.* 1899).

bien distincts, suivant qu'elle est ou non infestée. Le mode de développement spécial qui apparaît comme lié à l'infection d'une façon régulière, sera ici désigné par le terme de *tubérisation*, il est caractérisé par *un retard dans la différenciation histologique et morphologique des points végétatifs ou des bourgeons coïncidant avec la mise en réserve des aliments non utilisés pour la différenciation.*

Par une recherche de Biologie comparée, étendue à des cas divers, j'espère montrer que la tubérisation ainsi comprise est une conséquence et un symptôme de l'infection *dans le cas bien défini d'infection des racines par des champignons filamenteux endophytes spécifiquement voisins de ceux des Orchidées.* C'est à peu près uniquement à établir ce point que je m'attacherai. Dès à présent il m'importe de dire que je n'ai ainsi traité qu'en partie la question générale des symptômes de l'infection telle que je l'ai posée : dans les cas que j'étudie il peut y avoir d'autres symptômes ; il doit s'en présenter de nouveaux dans des cas différents. L'étude d'un symptôme unique, faite pour quelques cas, pourra montrer qu'on est en droit de rechercher les symptômes des infections normales chez les végétaux supérieurs parmi certains de leurs caractères spécifiques importants.

Je me suis placé, pour cette étude, à un point de vue très immédiat : c'est à des descriptions que la partie la plus importante de ce travail est consacrée ; c'est à des travaux purement descriptifs, tels que ceux d'Irmisch, que j'ai eu le plus souvent à me reporter.

Pour ne pas compliquer ces descriptions d'hypothèses préliminaires, je me suis écarté dès l'abord des notions devenues classiques de *saprophytisme* et de *symbiose* qui servent souvent à grouper des faits analogues à ceux que j'étudie. Ces deux notions ont été liées tout d'abord l'une à l'autre par les recherches de Drude (1) et de Kamiensky (2) sur le *Monotropa Hypopitys* et le *Neottia Nidus-avis.* Ces plantes décolorées, incapables d'assimilation chlorophyllienne, tirent manifestement tout leur aliment de l'humus où elles vivent : ce sont des *plantes saprophytes* typiques. Elles sont toujours associées à des champignons, et cette

(1) O. Drude. — Die Biologie von *Monotropa Hypopitys* und *Neottia Nidus-avis* Göttingen 1873.

(2) Kamiensky. — Les organes végétatifs du *Monotropa Hypopitys. (Mémoires de la Soc. des Sc. nat. et math. de Cherbourg. T. XXIV. 1882).*

coïncidence remarquable a pu rendre un moment vraisemblable que la présence des champignons fût indispensable pour ce mode particulier de nutrition. On a vu là un cas de *symbiose*, ce mot étant pris au sens « d'association de deux êtres spécifiquement distincts qui harmonisent leurs fonctions pour le plus grand bien de la communauté. »

On sait aujourd'hui qu'un grand nombre de plantes capables d'assimilation chlorophyllienne hébergent des champignons dans leurs racines, et il devient fort discutable que ces champignons aient un rôle utile pour l'alimentation. Frank (1), Janse, Stahl, qui ont cherché à préciser ce rôle utile, sont arrivés à des hypothèses très diverses ; Groom (2) compare au contraire les champignons endophytes associés aux plantes supérieures à de véritables parasites. Sans qu'il soit nécessaire de trancher la question, on est au moins en droit de ne pas employer, dans le cas dont je m'occupe, le mot *symbiose* qui, dévié de son sens étymologique, implique une hypothèse finaliste inutile.

L'idée d'une symbiose en vue de la nutrition entre champignons et plantes supérieures a fait considérer d'autre part comme saprophytes un nombre de plantes de plus en plus considérable ; l'existence de transitions ménagées entre les plantes saprophytes décolorées et les plantes vertes permet cette généralisation. A côté des plantes saprophytes typiques dépourvues de chlorophylle (plantes holosaprophytes), Johow (3) distingue des plantes vertes plus ou moins saprophytes (plantes hémisaprophytes) et l'on se trouve amené de jour en jour à étendre le nombre de celles-ci. La notion de saprophytisme, en devenant ainsi de plus en plus compréhensive, a perdu beaucoup de sa netteté primitive ; il semble actuellement illusoire de chercher à fonder une classification des plantes sur leurs modes de nutrition dans les cas justement où ces modes nous sont le plus mal connus.

En disant qu'il y a *infection normale* dans le cas où l'on trouve toujours, pour les plantes d'une même espèce, les tissus envahis de la même manière par un même champignon, je n'ai pas eu d'autre but

---

(1) *Berichte der deutschen bot. Ges.*, 1891.

(2) Groom. — On Thismia aserœ and its mycorrhiza. (*Ann. of Botany*, ix).

(3) Johow. — Die chlorophyllfreien Humuspflanzen nach ihren biologischen und entwicklungsgeschichtlichen Verhältnissen. (*Pringsheim's Jahrb.* xx).

que de revenir à un langage simplement et exactement descriptif, et c'est au moins une question de fait, qui peut être tranchée avec certitude, que de savoir si une plante est infestée ou si elle ne l'est pas.

III

Pour terminer cette introduction, il me reste à rappeler ou à établir quelques faits généraux relatifs à l'infection normale par des endophytes dans les cas que j'étudierai.

Il sera ici surtout question des Orchidées qui font le sujet principal de mon étude ; Wahrlich a le premier établi que toutes les plantes de cette famille sont normalement infestées : sa statistique, portant sur plus de 500 espèces, qui venait confirmer et permettait d'étendre diverses observations antérieures, a mis le fait hors de doute. Les confirmations apportées au travail de Wahrlich sont devenues si nombreuses que j'ai à peine besoin de dire que je n'ai jamais trouvé d'exception à l'infection des racines pour les Orchidées que j'ai étudiées : *l'infection normale des Orchidées est un fait établi.*

L'examen microscopique des organes atteints permet en général de reconnaître très facilement l'infection. Dans les cellules qui viennent d'être atteintes, les filaments restent bien distincts et forment des pelotons de plus en plus serrés. Dans des cellules infestées depuis longtemps, il arrive le plus souvent que le peloton mycélien est digéré et dégénère : il se réduit alors à une masse irrégulièrement arrondie, jaunâtre, brunissant par l'iode, contre laquelle le noyau de la cellule, plus ou moins déformé, se trouve généralement appliqué. Cette interprétation, donnée tout d'abord par Cavara (1), Chodat et Lendner (2), Dangeard et Armand (3), et confirmée depuis, ne saurait laisser place au doute après un examen attentif des préparations. Wahrlich avait considéré ces masses de dégénérescence comme des spores ; Drude (4), Reinke (5), Molberg (6) les avaient prises pour des masses mucilagineuses ou résineuses

(1) Ipertrophie ed anomalie in sequito a parassitismo vegetale. (*Institut. R. de Pavie*; 1896).

(2) Sur les mycorhizes du *Listera cordata*. (*Rev. mycolog.* 1898).

(3) Observations de Biologie cellulaire (Mycorhizes d'*Ophrys aranifera*). (*Rev. mycolog.* 1898).

(4) *Loc. cit.*

(5) *Flora* 1873, p. 145.

(6) *Jenaische Zeitschrift für Naturwissenchaft.*, Bd. XVII, p. 519.

propres aux racines d'Orchidées. L'aspect de ces vieilles cellules infestées n'a même pas échappé à des auteurs qui se préoccupaient peu d'histologie : Irmisch les signale dans des plantules, Fabre les remarque et les considère comme des cellules contenant une pelote de bassorine.

Ces remarques sont utiles à relever quand on fait la bibliographie des questions relatives aux Orchidées, dans des mémoires antérieurs à celui de Wahrlich. Bien que l'infection n'ait pas été à cette époque explicitement reconnue. les descriptions qui signa. lent et interprètent de diverses manières les cellules à peloton dégénéré ne peuvent pas laisser de doute sur l'existence de l'infection. C'est ainsi que dans l'étude des plantules, en me reportant à des descriptions de Irmisch, de Fabre et de Prillieux, je pourrai considérer l'infection comme reconnue par ces auteurs sans qu'ils en aient donné de descriptions explicites. L'infection est délicate à reconnaître dans certains cas, surtout quand il s'agit de plantules de petite taille, récemment infestées, et n'ayant pas de cellules à peloton digéré. Ayant eu à faire des recherches dans de semblables cas, je me suis servi de coupes en série colorées à la safranine, à l'hématoxyline ou au brun Bismark. Pour les plantules de petite taille ou les racines de très faible diamètre, j'ai eu de bons résultats en laissant macérer les matériaux dans l'hydrate de chloral sirupeux, en colorant par le bleu d'aniline, qui ne se fixe guère que sur les champignons, et en examinant, sans coupes, par transparence. Il m'importe ici seulement de noter que *l'infection en général se reconnaît avec une extrême facilité chez les Orchidées qui sont des matériaux de choix pour son étude*, et que *les descriptions les plus sommaires au point de vue histologique permettent le plus souvent de savoir si elle existait dans les cas observés.*

Wahrlich a montré que les endophytes des Orchidées peuvent vivre hors de ces plantes, en saprophytes, et se cultiver dans des milieux nutritifs divers. Ils présentent alors deux sortes de spores caractéristiques : des conidies allongées, arquées et cloisonnées (spores Fusarium) et des chlamydospores arrondies, à membrane épaisse et souvent brune, contenant des gouttelettes d'huile, et fréquemment disposées à la suite les unes des autres au nombre de deux à cinq (mégalospores de Wahrlich) (fig. 1, page 14). Bien que les expériences de Wahrlich n'aient pas été à l'abri de toute cause d'erreur et que les résultats qu'il annonçait aient pu être contestés, un grand nombre d'auteurs se sont rangés à son avis. Après les confirmations données par Chodat et Lendner et par Vuillemin (1), qui a observé la formation de chlamydospores dans les poils radicaux de plantes vivantes, ces résultats ont pu être considérés comme établis.

Il n'est cependant pas inutile de dire que j'ai vérifié ces résultats en employant la technique des cultures pures. Les endophytes se développent bien sur pomme de terre, sur carotte et dans divers bouillons sucrés. J'ai des cultures pures d'endophytes des espèces suivantes : *Cattleya labiata, Lœlia cinnabarina, Lœlia Dayana, Bletia hyacinthina, Cypripedium insigne* (et diverses variétés horticoles). *Phalænopsis Schilleriana, Oncidium ornithorrhynchum, Ophrys arachnites, Ophrys aranifera, Loroglossum hircinum, Orchis montana, Epipactis palustris, Epipactis latifolia, Listera ovata, Limodorum abortivum, Neottia Nidus-avis.* Il est facile d'obtenir ces cultures en laissant les racines dans de l'eau courante, ou en les abandonnant, après les avoir lavées à l'eau stérile, dans des cristallisoirs stérilisés. Pour les grosses racines charnues j'ai pu, sans tuer les endophytes, aseptiser la surface par des lavages au sublimé à 1 °/₀ ; puis, après plusieurs lavages à l'eau stérile, je les ai laissées soit dans l'eau stérilisée, soit dans des bouillons nutritifs. Les racines traitées de l'une ou l'autre de ces manières ne tardent pas à se couvrir de mycélium qu'il n'y a plus qu'à prélever pour les semis. On obtient ainsi presque à coup sûr dans la culture un seul champignon, les bactéries étant les seules impuretés difficiles à éviter ; un second semis à partir de la culture initiale donne très généralement le champignon en culture pure. En faisant des essais répétés, on obtient toujours le même champignon à partir d'une plante donnée ; il n'y a donc pas à douter que ce champignon soit bien l'endophyte. D'ailleurs, en coupant les racines qui ont servi au semis, on peut s'assurer que les pelotons mycéliens de l'intérieur des cellules sont bien en continuité avec le mycélium qui s'est développé à l'extérieur.

Tous les champignons que j'ai ainsi cultivés présentent les deux formes de spores décrites par Wahrlich. Les filaments fructifères

(1) *Bulletin des Séances de la Société des Sc. Nat. de Nancy,* 15 nov. 1889.

qui donnent les conidies en Fusarium s'agglomèrent dans les cultures âgées et les spores accumulées forment le plus souvent, à la surface du milieu de culture, des masses d'aspect plus ou moins gélatineux, facilement reconnaissables. Il faut noter cependant des différences assez grandes pour un même endophyte cultivé sur plusieurs milieux à partir de cultures diversement avancées : tantôt les spores Fusarium typiques sont très abondantes, le mycélium végétatif étant peu développé et les chlamydospores rares, tantôt, au contraire, le mycélium est abondant, les spores Fusarium rares, et les chlamydospores nombreuses. Enfin, quoique je n'aie jamais observé l'absence complète de la forme en Fusarium typique pendant toute la durée d'évolution d'une culture, j'ai remarqué souvent qu'un grand nombre des conidies produites variaient de la forme presque complètement arrondie à la forme allongée et arquée.

Les conditions précises de la variation de ces diverses formes ne me sont pas connues. Ces variations assez étendues des formes de spores de chaque endophyte atteignent l'ordre de grandeur des variations de formes qui s'observent en comparant des endophytes divers. Il serait au moins fort difficile de distinguer ces endophytes les uns des autres si l'on ne connaissait leur origine.

Wahrlich a obtenu des formes parfaites, pour les endophytes de deux espèces voisines d'Orchidées (*Vanda suavis, Vanda tricolor*) ; ces formes parfaites se rattachent au genre *Nectria* et constituent deux espèces distinctes de ce genre (*Nectria Vandae, Nectria Goroshankiniana*). J'ai eu l'occasion d'observer sur des racines de *Phalænopsis Schilleriana* laissées en boîte de Pétri, le développement de deux perithèces à ascospores. Des semis de ces ascospores m'ayant donné la forme Fusarium, il n'est guère douteux que j'ai bien eu sous les yeux une troisième fructification ascosporée d'endophyte. Ces périthèces isolés, sans stroma, étaient ovoïdes, de couleur rose et d'aspect rugueux. Les asques groupées en bouquet, sans paraphyses, renfermaient huit ascospores disposées obliquement, régulièrement elliptiques, bi-cellulaires, ayant 8 à 9 µ de long sur 3 µ, 4 de large. D'après ces caractères des périthèces, les endophytes du *Phalænopsis Schilleriana* se rattachent au genre *Nectria,* comme ceux des *Vanda* observés par Wahrlich ; il est vraisemblable que c'est à ce genre ou à des genres très voisins que tous les endophytes d'Orchidées devront être rapportés. Ces fructifications ascosporées de l'endophyte du *Phalænopsis* se distinguent nettement de celles que Wahrlich a décrites pour deux *Vanda* ; cet endophyte doit être rapporté à une troisième espèce de *Nectria*.

S'il n'est pas illégitime de généraliser l'indication que donnent ces trois cas, il y a lieu de penser que les endophytes des diverses espèces d'Orchidées sont spécifiquement distincts.

Il faut cependant retenir qu'il s'agit ici d'un problème de classification particulièrement complexe. On compte d'une part en effet plus de 6000 espèces d'Orchidées ; il est vraisemblable que tous les endophytes de ces plantes sont spécifiquement voisins de ceux qui ont été décrits d'abord par Wahrlich ; le mycologue qui possé-derait la collection complète de ces endophytes serait sans aucun doute fort embarrassé pour en faire une classification.

D'autre part, des plantes autres que les Orchidées, en nombre considérable, sont infestées d'endophytes. La nature de ces endo-phytes est presque entièrement inconnue, mais il me paraît vraisem-blable que, dans un grand nombre de cas, ce sont encore des cham-

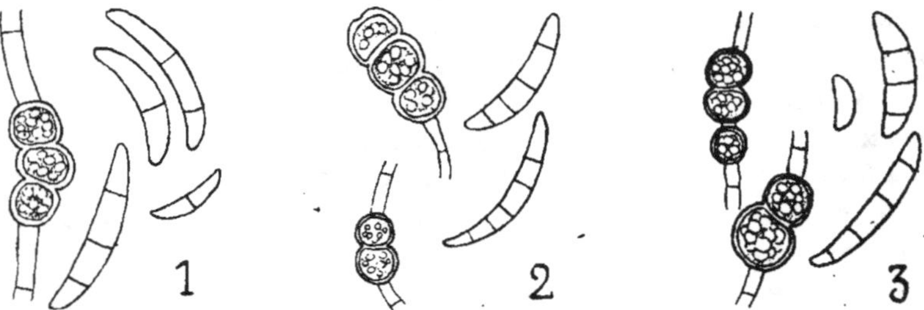

Fig. 1 à 3. — Chlamydospores et spores en Fusarium des endophytes d'*Epipactis palustris* (1), de Ficaire (2), de Pomme de terre (3). Cultures pures. Dessins à la chambre claire. (Même grossissement = 590).

pignons très voisins des *Fusarium* de Wahrlich. La Ficaire et la Pomme de terre, en particulier, sont infestées de semblables champignons qui en culture pure ont les deux formes de spores (chlamydospores et spores en Fusarium), qui se rencontrent chez les endophytes d'Orchidées. Les figures 1, 2 et 3 permettront de juger de la similitude parfaite des spores d'endophytes dans ces deux cas et dans celui d'une Orchidée prise au hasard (*Epipactis palustris*).

J'ai, incidemment, cultivé des champignons endophytes provenant de racines d'autres plantes, qui sont vraisemblablement des endophytes normaux, et j'ai ainsi le plus souvent trouvé des formes manifestement très voisines de celles des endophytes d'Orchidées (1). Le fait que toutes les formes imparfaites de ces champignons ont deux formes de spores en commun met hors de doute qu'il s'agit bien là d'espèces voisines, qui devront être rattachées, sinon au seul genre *Nectria*, du moins à des genres peu éloignés. Il existe là, selon toute vraisemblance, un groupe très homogène de champignons dont le nombre et l'importance dans la nature sont presque entièrement insoupçonnés. Provisoirement, je n'ai cru pouvoir faire mieux que classer ces champignons d'après leur origine, en mettant sur les étiquettes de leurs tubes de culture le nom des plantes d'où ils provenaient.

Pour compléter l'ensemble de ces notions préliminaires, deux remarques générales me restent à faire sur la localisation des champignons endophytes chez les plantes qui en sont infestées.

Les organes contaminés paraissent être presque uniquement ceux qui ont un rôle dans l'absorption. C'est dans les racines que, normalement, les endophytes se trouvent; ils existent parfois dans les rhizomes qui paraissent avoir le rôle d'organes absorbants (*Neottia Nidus-avis*, diverses Orchidées sans racines, jeunes Ophrydées). Ils ne se propagent pas, en général, dans les tiges proprement dites, même dans leur partie souterraine ; les feuilles, les fleurs, les fruits, paraissent en être toujours dépourvus. J'aurai à donner plusieurs exemples précis de cette localisation des endophytes dans des organes absorbants. Le fait que cette localisation est assez étroitement déterminée est de ceux qui peuvent porter à penser que les endophytes ont un rôle dans l'absorption ; mais c'est là faire une hypothèse, qui n'est nullement nécessaire, et des conditions immédiates peuvent suffire à régler cette localisation. Pénétrer les tissus d'une plante n'est pas, sans doute, pour un champignon, une opération sans difficultés ; on comprend aisément que cette pénétration ne puisse se faire qu'en certaines

______

(1) J'ai trouvé, en particulier, des endophytes ayant ces deux formes de spores dans les racines de diverses variétés de Tulipes, des Crosnes du Japon (*Stachys tuberifera*), d'une Linaire (*Linaria vulgaris*), de l'Asperge cultivée (*Asparagus officinalis*).

régions et par certains champignons capables de traverser en ces points la surface. *La surface des organes absorbants est pour les endophytes le seul point de pénétration qui paraisse possible*, ils traversent la base des poils absorbants, ou simplement la paroi externe des cellules voisines ; s'ils s'étendent plus loin dans la plante, c'est de proche en proche, à partir des organes absorbants qu'ils ont pénétrés.

Une autre constatation qui a été souvent faite est que, quels que soient les organes infestés, on n'y trouve pas d'endophytes dans les points végétatifs. Les endophytes ne pénètrent les cellules d'un tissu que quand celles-ci ont atteint à peu près leur maximum de taille. D'autre part, comme je l'ai dit déjà, les cellules atteintes ne croissent ni ne se divisent plus. *Les endophytes ne se propagent pas jusqu'aux points végétatifs ; il n'apparaît plus de points végétatifs dans les régions infestées.*

Dans les infections normales les mêmes tissus sont toujours contaminés de la même manière. Le seul fait que ces tissus soient par là incapables de différenciation, de croissance et de prolifération cellulaire, rend certain que l'infection peut intervenir pour régler les modes de croissance et de multiplication dès plantes atteintes. Mais là n'est pas sans doute le mode d'action le plus important des champignons endophytes : vivant dans les organes absorbants, ils doivent mêler leurs produits de sécrétion à la sève brute et contribuer à modifier chimiquement le milieu intérieur de la plante ; ils peuvent ainsi agir sur tous ses tissus et toutes ses parties. C'est, en définitive, à leur attribuer une action générale de ce genre que je serai amené.

CHAPITRE I

INFECTION ET TUBÉRISATION
CHEZ LES OPHRYDÉES ET LA FICAIRE

Les travaux d'Irmisch et de Fabre (1) ont fait connaître d'une façon assez précise l'histoire naturelle des Ophrydées pour qu'il y ait peu à ajouter à tout ce qui concerne leurs modes de développement et de multiplication. Les recherches que j'ai faites, surtout pour l'*Orchis montana* (2), me permettront d'établir quelles relations il existe entre le mode d'infection et la tubérisation pendant tout le cours de la vie et d'interpréter les observations d'Irmisch et de Fabre à un point de vue nouveau. Bien que ces botanistes n'aient pas soupçonné l'infection des plantes qu'ils ont étudiées, il m'a été possible de comprendre par plus d'un passage de leurs œuvres que l'infection et le mode de développement présentaient dans les cas qu'ils ont fait connaître les mêmes rapports que dans ceux que j'ai moi-même observés.

§ I. — TUBÉRISATION ET INFECTION PÉRIODIQUES
CHEZ LES OPHRYDÉES ADULTES

Quand on déterre une Ophrydée dans le cours de l'été on trouve deux tubercules attachés à la base de sa tige ; l'un est flétri, de consistance molle, la digestion des réserves s'y achève, bientôt il

(1) Th. Irmisch.— Beiträge zur Biologie und Morphologie der Orchideen. Leipzig, 1853.

J. H. Fabre. — Recherches sur les tubercules de l'*Himantoglossum hircinum*. (*Ann. Sc. Nat. Bot. 4ᵉ Série, 3. 1855*).

J. H. Fabre. — De la germination des Ophrydées et de la nature de leurs tubercules. (*Ann. Sc. Nat. 4ᵉ Série, 5. 1856*).

(2) J'ai récolté à diverses époques, ou cultivé dans un jardin d'expériences, des plantes des espèces suivantes : *Orchis latifolia, O. maculata, O. simia, O. purpurea, O. Morio, Loroglossum hircinum, Ophrys arachnites, O. aranifera*; aucune de ces plantes, au point de vue général où je me place, ne m'a montré rien de bien différent de ce que j'ai vu pour l'*Orchis montana*.

sera détruit complètement ; l'autre est ferme au toucher, dans le parenchyme qui forme sa masse achèvent de s'accumuler des réserves hydrocarbonées (amidon et mucilages), ce tubercule est prêt à se détacher de la plante entraînant avec lui le bourgeon à partir duquel il s'est formé. La figure 6 représente l'état d'un bourgeon de tubercule arrivé à maturité ; sa différenciation est, comme on voit, peu avancée, on ne compte que quatre ou cinq feuilles repliées autour du mamelon terminal. Ce bourgeon isolé en terre avec un tubercule donnera l'année suivante la tige feuillée ou florifère d'un pied nouveau de la plante ; un bourgeon de second ordre né à l'aisselle d'une de ses feuilles inférieures produira un tubercule nouveau (b_2, fig. 4). Je me propose de suivre ici pas à pas les phénomènes de ce développement, en prenant surtout l'*Orchis montana* pour exemple.

La vie active du tubercule isolé en terre ne tarde pas à reprendre : dès le mois d'août il devient évident que la différenciation de son bourgeon principal fait de rapides progrès ; les feuilles anciennes s'accroissent, tandis que de nouvelles se forment à la partie centrale ; il suffit pour s'en convaincre d'examiner en coupe les bourgeons de tubercules récoltés à ce moment. Au point de vue physiologique Leclerc du Sablon a parfaitement noté pour l'*Ophrys aranifera* cette reprise précoce de la vie active : il y a dès ce moment destruction des réserves et « les sucres qui se forment sont immmédiatement absorbés par les jeunes feuilles » (1).

Dans le cours de septembre la jeune hampe florale devient distincte au centre des bourgeons de certains tubercules ; elle atteint à la fin de ce mois l'état que représente la figure 4, toutes les jeunes fleurs étant déjà distinctes. Cette différenciation précoce de la hampe florale paraît un fait constant ; j'en ai eu pour des Ophydées diverses de nombreux exemples ; Irmisch la note pour l'*Orchis militaris*, où il a pareillement observé en septembre la différenciation des fleurs. A cette époque, on trouve un grand nombre de tubercules dont les bourgeons n'ont encore différencié que des feuilles, mais il faut tenir compte de ce qu'un grand nombre de pieds chaque année ne portent pas de fleurs. Dans les localités où j'ai, trois années de suite, recherché des pieds d'*Orchis montana*, il est

(1) Leclerc du Sablon. — Réserves hydrocarbonées des bulbes et des tubercules. (*Rev. gén. de Bot.*, T. X, p. 162).

facile de voir au printemps que la plupart des pieds restent stériles et ne développent que des feuilles ; c'est le cas en particulier pour ceux que l'on trouve attachés encore à une hampe fructifère desséchée de l'année précédente. La floraison a lieu rarement deux années de suite. Pareillement les tubercules que j'ai récoltés en septembre au pied de hampes desséchées n'avaient très généralement encore différencié que des feuilles, tandis que la hampe se trouvait souvent différenciée dans les bourgeons de tubercules pris au pied de plantes qui n'avaient pas fleuri (1). *Je pense donc qu'on peut dès le mois de septembre distinguer les pieds qui fleuriront de ceux qui ne fleuriront pas par l'état où sont alors les bourgeons.*

A ce moment, qu'il s'agisse de pieds fertiles ou stériles, on voit à l'aisselle des feuilles inférieures se former de jeunes bourgeons (b_1 b_2 fig. 4) ; ils ont d'abord une apparence normale, différencient leurs premières feuilles et ne paraissent en rien distincts des jeunes bourgeons qui, chez la plupart des plantes, sont l'origine de rameaux.

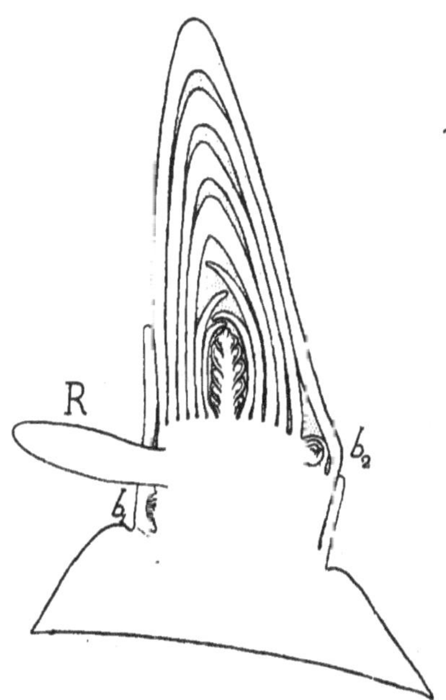

Fig. 4. — Etat du bourgeon principal et des bourgeons axillaires (b_1 b_2) d'un pied d'*Orchis montana* au moment de la sortie et de l'infection des premières racines (fin septembre) ; R, une jeune racine.

(1) Fabre a fait pour les *Loroglossum hircinum* d'une localité déterminée une étude statistique qui l'a conduit à admettre que « environ un pied doit fleurir pour 24 qui ne doivent pas (dans la même année) atteindre ce degré d'evolution. » On comprend qu'il faille examiner un grand nombre de tubercules pour trouver quelques bourgeons ayant différencié leurs fleurs, surtout parce que, en automne, les pieds étant desséchés, on trouve plus facilement les tubercules situés à la base de hampes persistantes, et que ces tubercules sont ceux qui donnent le plus souvent des pieds stériles. Pour le *Loroglossum hircinum*, j'ai trouvé à plusieurs reprises des bourgeons à hampe différenciée en septembre et octobre, mais, conformément à l'observation de Fabre, ils étaient en minorité.

A la fin de septembre, deux faits nouveaux se produisent à un court intervalle : les premières racines absorbantes sortent de la tige (*R*, fig. 4), un jeune bourgeon (*b₂*) commence à se renfler en tubercule ; dès lors les phénomènes du développement vont devenir notablement différents. Je limite à l'époque où ces faits se produisent une *première période du développement* dont je viens de retracer les phases. Cette période, qui dépasse à peine deux mois (août-septembre), suffit à la différenciation de toutes les parties (à l'exception du nouveau tubercule) que la plante comportera. Je l'appelle pour rappeler ce fait *période de différenciation*.

Dans le cours du mois d'octobre le développement en tubercule d'un des jeunes bourgeons axillaires devient facilement appréciable ; c'est régulièrement pour celui qui est né le plus tard, et qui est le moins différencié que le fait se produit (*b₂*, fig. 4) ; sur le flanc du bourgeon, au-dessous de sa première feuille, apparaît un mamelon qui se renfle de plus en plus et qui est le premier rudiment du nouveau tubercule (*T*, fig. 5) ; dès le début ce bourgeon renflé fait, sous la feuille qui le protège, une saillie

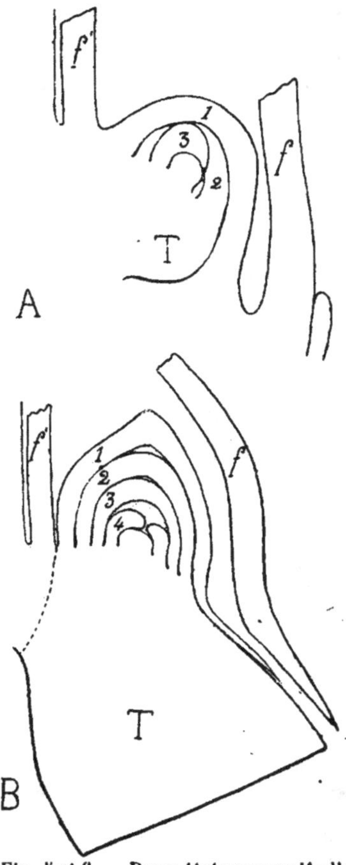

Fig. 5 et 6. — Deux états successifs d'un bourgeon donnant un tubercule T : en A, au début de la tuberculisation (fin septembre) ; en B, à la maturité du tubercule (fin mai) ; *l*, *l'*, feuilles de la plante mère ; 1, 2, 3, 4, feuilles du bourgeon.

visible extérieurement. On sait que dans ce mamelon latéral, à mesure qu'il grossit, se différencient de nombreux cylindres centraux, à bois et liber alternant, qui le parcourent depuis son insertion jusqu'à sa pointe, de telle façon qu'on doit considérer la masse du tubercule comme formée par un faisceau de racines adventives exogènes, soudées par leurs écorces parenchymateuses et nées toutes ensemble sur le flanc du bourgeon. Dans la masse du tubercule, s'accumulent des aliments mis en réserve : il est évident qu'une très faible partie seulement de l'aliment qui afflue vers le bourgeon est utilisée pour la différenciation de feuilles nouvelles : à la fin de mai (fig. 6) de semblables bourgeons sont à peine plus différenciés qu'en septembre (fig. 5).

Le bourgeon qui se transforme ainsi en tubercule est de tous ceux que porte la plante, celui dont le développement est, dans la seconde période, le plus brusquement et le plus apparemment modifié. Mais l'incapacité presque complète qu'il montre d'assimiler en se développant les aliments qui lui arrivent ne lui est pas pas particulière ; elle se remarque pour tous les autres bourgeons. et il devient ainsi manifeste que *ce n'est pas l'état particulier d'un des bourgeons qui est changé, mais bien l'état général de la plante.*

Les bourgeons axillaires inférieurs (au nombre de 1 à 2 suivant les espèces ou les cas, b, fig, 4) meurent souvent à l'époque où la hampe se dessèche, sans s'être différenciés davantage ; s'il arrive qu'ils se développent, *c'est toujours en se tubérisant.* Jamais ils ne donnent de rameaux, la tige reste toujours simple. On sait que fréquemment deux bourgeons évoluent a la fois en tubercules ; on trouve alors au printemps trois tubercules à la base d'un pied l'un ancien, les deux autres nouveaux : j'ai observé assez souvent ce fait pour l'*Orchis maculata* et pour l'*Orchis montana* ; il était connu pour d'autres espèces (1). Si l'on coupe la tige principale d'une Ophrydée en voie de développement, aucun des bourgeons axillaires ne se développe en une tige nouvelle, mais plusieurs produisent alors des tubercules. On peut ainsi multiplier la plante. Souvent ces jeunes bourgeons axillaires donnent des tubercules moins volumineux que le tubercule principal. C'est ce qui arrive, d'après Fabre, pour le *Loroglossum hircinum* : normalement, chez cette plante, une pousse qui ne fleurit pas « développe en tubercules inégaux les trois bour-

---

(1) Ed. Prillieux. — Étude du mode de végétation des Orchidées. (*Ann. Sc. Nat. Bot.*, 5ᵐᵉ série, 7, 1867).

Germain de Saint-Pierre. — Recherches sur la nature du faux bulbe de Orphrydées, ou Ophrydo-bulbe. (*Bull. Soc. Bot.* 1855).

geons axillaires de sa base ou au moins les deux supérieurs. »
J'aurai plus loin à dire quel est le sort des tubercules de petite
taille qui se forment chez l'*Orchis montana* à. partir des bourgeons
axillaires inférieurs. Le fait à retenir ici est que rien d'essentiellement différent ne s'observe dans le développement des divers jeunes
bourgeons de la plante ; un seul en général donne un gros tubercule, mais tous ont, dans la seconde période, une différenciation
très ralentie, et si de l'aliment leur arrive, ils ne l'assimilent pas
mais le mettent en réserve.

Le bourgeon principal de la plante ne donne jamais de tubercule
chez une Ophrydée adulte ; son histoire est terminée pour ainsi
dire dès la fin de la première période ; il ne différencie plus de
parties nouvelles et développe seulement celles qu'il avait formées
déjà. C'est ici le lieu de rappeler que les fruits, quand il s'en produit, ne renferment, à leur maturité, que des graines rudimentaires
dont l'embryon indifférencié paraît prématurément arrêté dans son
développement et reste à un état qui, chez la grande majorité des
végétaux, n'est qu'un état transitoire de l'embryon se développant
dans la graine. Pour ce bourgeon principal, dans la seconde période,
il y a donc surtout croissance, la différenciation se trouvant réduite
au minimum.

Ainsi, à la première et courte *période de différenciation,* s'oppose
une seconde période beaucoup plus longue (septembre à juin),
pendant laquelle la différenciation de tous les bourgeons de la
plante est considérablement ralentie ; je l'appelle *période de tubérisation.* La formation d'un ou de plusieurs tubercules est, dans
cette seconde période, un épisode essentiel, mais il n'apparaît
que comme l'un des symptômes d'un état général de la plante,
qui ne se montre plus capable d'assimiler, qu'en faible quantité,
les aliments dont elle dispose en différenciant ses bourgeons.

Le fait remarquable que je veux maintenant mettre en évidence
est que le brusque changement d'état de la plante qui s'observe
entre la première et la seconde période coïncide avec l'infection.
*La plante n'est pas infestée pendant la période de différenciation,
elle est infestée, au contraire, dès le début et pendant toute la durée
de la période de tubérisation.*

Les gros tubercules qui, à l'état adulte, servent à la propagation des Ophrydées, sont indemnes d'endophytes. Le fait a été

signalé par Frank, et depuis par Vuillemin (1). En règle générale, une coupe faite au hasard dans la masse d'un tubercule ne montre aucune cellule infestée ; il arrive parfois, cependant, que des infections locales peu étendues se constatent, mais elles ne paraissent jamais se généraliser à la masse du tubercule, même quand celui-ci se vide et se flétrit (2). Dans la première période, la plante réduite à un tubercule, et à son bourgeon en voie de développement, est donc normalement indemne ; mais dès que les jeunes racines sortent de la base du bourgeon, elles se contaminent dans le sol ; elles restent infestées pendant toute la seconde période, et l'infection y devient de plus en plus étendue jusqu'àprès la floraison.

L'infection des jeunes racines est un phénomène d'une régularité frappante : dès qu'elles ont atteint un centimètre de long, on trouve les cellules de leur écorce pénétrées de l'endophyte qui forme à ce moment des pelotons à filaments bien distincts. C'est à partir du moment où il y a ainsi de jeunes racines infestées qu'un bourgeon commence à se renfler en tubercule. Je me suis attaché à vérifier ce fait aussi bien pour les Ophrydées que j'avais en culture que pour celles que j'ai récoltées en septembre et octobre : toujours j'ai vu apparaître la saillie que forme le jeune tubercule au moment où il y avait des racines infestées ; jamais je ne l'ai vue se produire avant ce moment. *Il y a donc ici entre l'infection et la tubérisation une coïncidence exacte qu'il est particulièrement facile de constater.*

La sortie des racines a régulièrement lieu en automne pour les Ophrydées que j'ai examinées et c'est en automne que la période de tubérisation commence. Il arrive parfois que la sortie des racines est plus tardive et la tubérisation se trouve alors d'autant retardée. J'ai eu de ce fait un exemple très net pour une Ophrydée que j'avais gardée en culture dans un jardin humide et assez ombragé. Cette plante provenait d'un tubercule d'assez petite taille que j'avais planté en terre pendant l'été et que j'ai examiné le 31 mars suivant. D'après la localité où j'avais récolté la plante et la forme de son

(1) Loc. cit.

(2) Un des rares exemples d'une infection locale de ce genre ayant quelque constance s'observe pour l'*Orchis montana*. On trouve souvent des cellules infestées à la partie moyenne de la digitation qui se développe tardivement à la pointe du tubercule ; la masse parenchymateuse principale reste en tout temps indemne.

tubercule, je pense que c'était un *Orchis maculata* ; j'en ai représenté l'aspect d'ensemble dans la planche I (fig. 1) ainsi qu'une coupe longitudinale passant par ses deux principaux bourgeons (fig. 2). Ces figures montrent les deux particularités que cette Ophrydée présentait : elle n'avait encore développé aucune racine et l'un de ses bourgeons se développait en un rameau dont la différenciation était presque aussi avancée que celle de la tige principale. Le tubercule n'était infesté ni dans sa masse ni dans ses digitations et, par suite d'un retard tout à fait anormal de la sortie des racines, la plante vivait sans être infestée depuis l'isolement de son tubercule, c'est-à-dire depuis plus de huit mois. Au lieu d'évoluer en tubercule sans se différencier, le bourgeon axillaire de la seconde feuille se développait d'une manière tout à fait inusitée et donnait un jeune rameau.

Je dois dire que cette plante, au moment où je l'ai examinée, était en assez mauvais état : la base de sa tige principale (partie pointillée sur la figure 1) était extérieurement noircie et envahie de bactéries ; bien que le centre du bourgeon fût encore intact, elle ne paraissait pas capable de continuer longtemps à se développer ; je l'ai sacrifiée pour en faire l'étude. Je ne pense pas qu'on puisse attribuer à l'altération de la tige principale le développement d'un bourgeon en rameau. La culture des Ophrydées est assez difficile pour que j'en aie vu pourrir ainsi souvent, dans les sols trop humides, après quelque temps de culture, mais toujours dans ce cas les jeunes bourgeons évoluaient en tubercules jusqu'à la fin de la vie quand il y avait des racines infestées. J'ai dit déjà que si par une altération de la tige principale on obtient en général un développement plus actif des bourgeons axillaires ce n'en est pas moins en tubercules que ces bourgeons évoluent.

Il me paraît donc que si la tubérisation qui se produit toujours lorsqu'il y a infection par l'endophyte normal ne s'est pas produite en ce cas, c'est parce que la plante n'était pas infestée. L'étude du développement des Ophrydées adultes donne ainsi des raisons de croire que *l'infection est une condition déterminante de la tubérisation.*

La présence de tubercules est, chez les Ophrydées, un caractère d'une telle constance, qu'il peut servir à la définition de ce groupe d'Orchidées ; mais d'autre part, le fait que l'infection se produit à l'époque précise de la sortie des racines, et n'atteint pas les tubercules est aussi un caractère constant de ces plantes qui pourrait, tout autant, servir à leur diagnose. Si l'infection ne se produit pas ou se produit différemment, c'est évidemment dans une infime minorité de cas, et s'il y a alors, comme je pense, développement des bourgeons en rameaux, on doit forcément à première vue considérer comme tératologique ce phénomène qui est de règle constante chez la majorité des végétaux et qui se trouve n'être ici qu'une très rare exception.

En dehors du cas que j'ai observé moi-même, je ne connais qu'un exemple, donné par Fabre, d'une Ophrydée à tige ramifiée : il s'agit d'un pied de *Loroglossum hircinum* dont trois jeunes bourgeons axillaires se développaient en rameaux. Cette plante provenait d'individus plantés en pot deux ans auparavant. Fabre attribue bien à la culture la dérogation à la règle générale qu'elle présentait, mais tout préoccupé d'établir, d'après ce cas, que les tubercules ont la valeur morphologique de rameaux, il ne donne malheureusement ni figure ni détails suffisants ; sa description permet seulement de supposer que la plante n'avait pas de racines (1). Le fait que le développement des bourgeons en rameaux peut se produire, quelle que soit la rareté du phénomène, autorise en tous cas à penser que la formation des tubercules est due à une condition de la vie de la plante évidemment très fréquente, mais susceptible pourtant de varier.

L'infection est pour les Ophrydées adultes une condition très peu variable que je relie à leur mode régulier de propagation par tubercules. En reprenant dans le paragraphe qui suit l'étude du développement de ces plantes à partir de la graine, je me propose de montrer que les modes d'infection des jeunes plantules peuvent expliquer de même plus d'un des singuliers phénomènes qui marquent le début de leur vie.

§ II. — TUBÉRISATION ET INFECTION DES JEUNES PLANTULES D'OPHRYDÉES.

Je n'ai pas observé les premiers phénomènes de la germination :

(1) Voici la description que donne Fabre (loc. cit., p. 262) « La plante en question avait deux feuilles déployées, et, dans sa partie enterrée, les cinq écailles blanches décrites plus haut. Le rameau issu de l'aisselle de la troisième écaille, presque de même diamètre et de même hauteur que la tige mère, n'avait qu'une seule feuille déployée. Des écailles blanches pareilles aux précédentes enveloppaient sa base. Celle-ci ne présentait rien de remarquable ; il n'en partait pas la moindre radicelle ; rien n'y rappelait le moindre vestige de tubercule ».

Irmisch et Fabre les ont fait connaître. La graine contient un embryon minuscule, ovoïde, indifférencié, muni d'un suspenseur. A la germination cet embryon s'accroît, déchire le tégument de la graine et donne un *axe embryonnaire* qui a la forme d'une toupie dont la pointe serait au point d'attache du suspenseur (fig. 7). La croissance se fait par l'extrémité opposée, de plus en plus élargie, où se différencie un bourgeon. La plantule plusieurs mois après la germination n'a pas dépassé cet état.

D'après Irmisch dont je reproduis ici l'une des figures, l'axe embryonnaire renflé comprend alors une zone corticale périphé-rique de cellules à contenu jaunâtre brunissant par l'iode et une région centrale essentiellement formée de parenchyme amylacé au milieu duquel se voit l'ébauche d'un unique cylindre central. Les plantules d'*Ophrys apifera* ont le même aspect et la même constitution, Fabre y signale aussi la zone périphérique de cellules à couleur jaunâtre ; il les considère comme des cellules contenant une *pelotte*

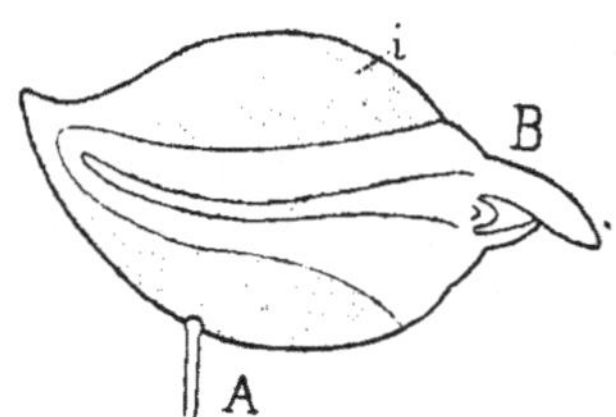

Fig. 7. — Jeune plantule d'*Orchis militaris*, d'après Irmisch (1). A, axe embryonnaire; B, bourgeon terminal ; i, zone infestée. (Grossi 12 fois).

de bassorine. Dans les deux cas il s'agit manifestement de cellules infestées exactement réparties dans ces plantules comme dans celles du *Neottia Nidus-avis* que je décrirai plus loin (Voy. fig. 11 Pl. II).

Il y a évidemment infection très précoce de la plantule par la région où s'attachait le suspenseur. A ce fait je rattache le développement très lent, l'accumulation précoce de réserves, en un mot la tubérisation immédiate de la jeune plantule. Je n'insiste pas ici sur ces premiers phénomènes de la vie que j'aurai à examiner à propos du *Neottia Nidus-avis* et des Orchidées en général.

Dans la première année, le développement du bourgeon terminal de l'axe embryonnaire est toujours réduit : il se développe tout au plus une seule feuille verte de petite taille ; c'est à partir de ce

(1) Sur la figure originale d'Irmisch (Pl. I, fig. 21), la zone externe de cellules à contenu brun (cellules infestées) est limitée par un trait ; j'ai pointillé la région ainsi limitée pour la rendre plus distincte et faciliter la comparaison de cette figure avec celles que je donne plus loin.

bourgeon, comme Irmisch et Fabre l'ont noté d'une façon concordante, que se forme le premier tubercule de la plante ; ce tubercule s'isole à la fin de la première année entraînant avec lui le bourgeon terminal. La figure 8 représente en coupe une jeune plantule d'*Orchis montana* au moment où le premier tubercule est arrivé presque à son complet développement. Cette plantule entièrement souterraine n'avait ni feuille verte ni racine et était formée seulement de l'axe embryonnaire et du bourgeon terminal produisant le premier tubercule. L'axe embryonnaire, comme la figure l'indique, est largement infesté ; au-dessous de l'épiderme les deux premières assises corticales contenaient des champignons à hyphes bien distincts ; dans les assises corticales profondes , les pelotons mycéliens étaient uniformément dégénérés et réduits , dans chaque cellule, à une masse jaunâtre accolée au noyau ; le parenchyme central de l'axe embryonnaire ne contenait plus que de rares grains d'amidon,

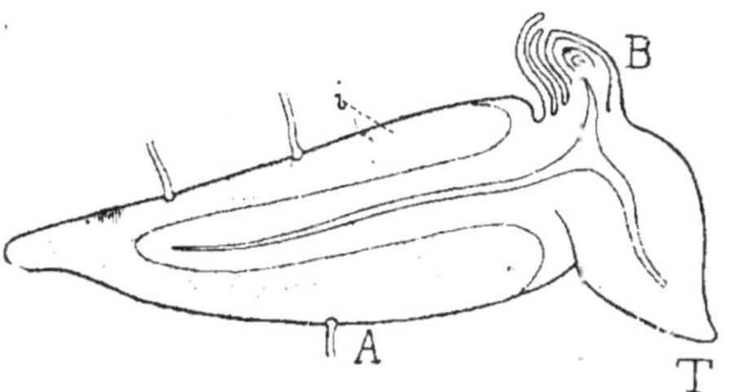

Fig. 8. — Jeune plantule d'*Orchis montana* récoltée en mai. A, axe embryonnaire; B, bourgeon terminal; T, premier tubercule ; i, zone infestée. — Coupe longitudinale (grossi 6 fois).

la presque totalité des réserves étant actuellement passée dans le jeune tubercule. Ce jeune tubercule n'a qu'un seul cylindre central, il est donc constitué par une seule racine courte et renflée, non infestée tout d'abord, prête à s'isoler avec le bourgeon terminal.

L'importance de l'infection chez ces plantules de petite taille, au moment où se forme ainsi le premier tubercule, est certainement beaucoup plus frappante que quand il s'agit de plantes adultes dont les racines seules sont infestées. Le phénomène de tubérisation est aussi beaucoup plus marqué dans le jeune âge que plus tard. Ici, le seul bourgeon que la plante a produit sur son axe embryonnaire tubérisé, après avoir vécu près d'un an sur une plante largement infestée, n'est arrivé à se différencier qu'à peine ; disposant maintenant d'aliment, il ne se différencie pas davantage et produit un tubercule.

Ce jeune tubercule n'est pas infesté tout d'abord ; je l'ai

vérifié pour l'*Orchis montana*. Irmisch signale chez les jeunes tubercules d'*Orchis militaris* l'absence de cellules brunes comme l'un des caractères qui les différencient de l'axe embryonnaire. Au reste, c'est là un exemple de la règle qui veut que l'infection ne gagne pas les tissus en voie d'active croissance. Dès la première année, comme pendant toute la vie, la formation d'un tubercule a pour résultat de soustraire momentanément à l'infection l'un des bourgeons de la plante ; mais le bourgeon qui s'isole avec le premier tubercule indemne, de petite taille, n'en est pas débarrassé pour longtemps.

Chez l'*Orchis montana* comme chez l'*Orchis militaris* et l'*Ophrys apifera*, le bourgeon isolé avec le premier tubercule se développe en un court rhizome charnu qui se raccorde au tubercule par une large base d'insertion. Ce rhizome a sensiblement le même diamètre que le tubercule ; sans une étude attentive on pourrait prendre l'ensemble pour un organe unique comparable aux tubercules de la plante. La présence d'écailles munies de nervures dont les vaisseaux se raccordent à ceux du cylindre central, rend toute erreur d'interprétation impossible. Le rhizome peut porter des racines; chez l'*Orchis montana* je n'en ai jamais vu qu'une, développée à la partie antérieure du rhizome (fig. 3, Pl. I); l'apparition en avait été manifestement tardive. Le tubercule et le rhizome, sur lesquels se développent de longs poils épidermiques, doivent servir tout d'abord à la jeune plantule d'organes d'absorption.

Les plantules de seconde année présentent à la fois les deux particularités qui se rencontrent chez celles de première année : *elles sont largement infestées et c'est leur bourgeon terminal qui produit un tubercule.* Ces deux particularités se voient sur les figures 3 et 4 (Pl. I) qui représentent une plantule récoltée en mai, arrivée à la fin de sa seconde année. Le bourgeon terminal, après avoir produit quelques feuilles, dont une une feuille déployée hors du sol, produit un tubercule. Ce tubercule de seconde année (t_2), de taille beaucoup plus considérable que le tubercule de première année (t_1), renferme quatre cylindres centraux, et comme tous les jeunes tubercules, il est indemne d'endophyte. L'infection s'étend à ce moment au premier tubercule et à presque tout le rhizome. De même que pour l'axe embryonnaire, les assises externes de la zone infestée contiennent des pelotons à hyphes bien distincts qui se prolongent parfois jusque dans les cellules épidermiques ou dans les poils et peuvent communiquer avec des hyphes extérieurs à la plante ; à la partie interne, les pelotons sont dégénérés en masses jaunâtres dans toutes les cellules ; l'amidon du parenchyme central indemne a presque complètement disparu, sauf à la partie antérieure du rhizome, où il est encore abondant.

Comme je l'ai dit, l'infection ne se propage pas de l'axe embryonnaire au premier tubercule, c'est par le sol que se fait une contamination nouvelle de la plantule de seconde année, ses organes absorbants (tubercule et rhizome) étant envahis par l'endophyte. Cette contamination se produit évidemment très peu de temps après l'isolement du tubercule de première année. Au cours de la seconde année, et pour des plantules moins avancées que celle de la figure 3 (Pl. I), j'ai toujours trouvé une infection étendue ; Fabre (1), pour l'*Ophrys apifera*, signale l'apparition de cellules brunes « *à bassorine* » dans le premier tubercule dès l'époque de son isolement, après qu'il s'est couvert de poils absorbants. Les plantules de seconde année de l'*Orchis militaris* sont certainement aussi infestées ; Irmisch (2) indique l'analogie histologique complète qu'il y a entre leur rhizome et l'axe embryonnaire.

Ainsi, dans la seconde année, la plante isolée disposant de peu de réserves, développe de suite des organes absorbants qui s'infestent largement. Le bourgeon de la plantule infestée ne continue sa différenciation qu'avec lenteur ; il donne naissance à un nouveau tubercule plus volumineux cette fois, et, isolé avec lui, il est pour un moment, soustrait à l'infection. Dès ce moment, le développement se fait suivant le mode que j'ai indiqué pour les plantes voisines de l'état adulte ; des périodes de non infection alternent régulièrement avec des périodes d'infection. Le bourgeon isolé avec chaque tubercule a, pour ainsi dire, le temps de se différencier avant que des organes absorbants (racines) se développent et s'infestent ; *ce sont désormais les bourgeons axillaires qui, dans la période d'infection, donnent les nouveaux tubercules.*

Il me paraît donc que *le mode de développement des bourgeons*

(1) Fabre. — Germination des Ophrydées, p. 166.
(2) Irmisch. — Morphol. der Orchideen, § 13, p. 10.

est étroitement lié au mode d'infection de la plante ; le cas qu'il me reste à étudier en donnera un exemple nouveau et montrera que les bourgeons isolés de plantes adultes peuvent évoluer comme les bourgeons de plantules si l'infection change de mode.

J'ai déjà dit que parmi les divers bourgeons axillaires comparables qu'une plante produit à la fin de la première période (b, b_s, fig. 4), un seul donne un gros tubercule, mais les autres peuvent s'isoler après s'être tuberculisés faiblement et concourir à la multiplication de la plante. Ces bourgeons, isolés avec de petits tubercules se développent aussi de suite en rhizomes absorbants qui s'infestent ; ils évoluent alors exactement suivant le mode des bourgeons de plantules de seconde année, et se tuberculisent avant de s'être différenciés notablement.

La figure 5 (Pl. I), représente une jeune plantule ayant l'origine que je viens dire : un fragment de la tige sur laquelle le petit tubercule et son bourgeon étaient nés lui était encore attaché (1). La figure 6 qui montre l'aspect d'une coupe longitudinale de cette plantule met en évidence les deux particularités que j'indique : large infection du rhizome et formation d'un tubercule à partir du bourgeon principal. On voit ici encore qu'un même bourgeon a produit suscessivement deux tubercules ; le premier (t) s'est formé alors que le bourgeon était attaché à une plante adulte infestée (deuxième période), le second (t') prend naissance après infection du bourgeon isolé par le sol. Le bourgeon qui a ainsi évolué est par son origine comparable a un bourgeon de gros tubercule qui a un sort tout différent et qui, après son isolement, vivant quelque temps sur un tubercule non infesté, se différencie et ne se tuberculise pas.

Fabre a obervé de même que les petits tubercules formés par les bourgeons axillaires inférieurs des pieds stériles de *Loroglossum hircinum*, se développent en plantules pour lesquelles « la sommité de l'axe se renfle en tubercule » ; il n'est guère douteux d'après sa

---

(1) L'origine des plantules peut s'établir d'après leur répartition dans les stations où on les récolte : dans le cas dont je parle on trouve à côté des débris d'un gros tubercule, une petite plantule à bourgeon principal tuberculisé, et une plante normale à gros tubercule. Il n'est pas douteux alors que les deux plantes proviennent bien de bourgeons détachés. La non infection du jeune tubercule paraît être, chez l'*Orchis montana*, un caractère assez constant pour permettre de distinguer ces plantules venues de bourgeons de celles dérivant de graines (fig. 4 et 6, Pl. I).

description que dans ce cas aussi la réapparition d'un stade embryonnaire pour les bourgeons isolés se soit accompagnée des mêmes particularités de l'infection.

En résumé, l'histoire des Ophrydées offre des exemples variés de tubérisation des bourgeons coïncidant avec l'infection. La lenteur si singulière du développement des bourgeons de plantes infestées apparaît bien ici comme le résultat d'une sorte d'intoxication de la plante par les endophytes qu'elle héberge : dès qu'elle en est débarrassée, la différenciation devient active, les bourgeons forment des feuilles et des fleurs, ils reprennent en un mot le mode d'évolution qu'il y a tout lieu de considérer comme normal chez les végétaux, mais qui n'apparaît ici que tardivement, et ne dure jamais longtemps.

§ III. — Comparaison de la Ficaire et des Ophrydées

La Ficaire (*Ficaria ranunculoides*) présente, à l'état adulte, presque exactement le même mode de végétation que les Ophrydées. Cette Renonculacée, qui est, au printemps, l'une des plantes les plus précoces et les plus communes de nos bois, produit, comme on sait, de petits tubercules soit souterrains, soit aériens, qui dérivent de jeunes bourgeons situés à l'aisselle des feuilles. Chaque tubercule comprend, avec le bourgeon qui l'a formé, une grosse racine adventive courte et renflée, à parenchyme cortical amylacé, née sur le flanc du bourgeon. Au nombre près des racines qui forment la masse principale, un tubercule de Ficaire est donc de tout point comparable à un tubercule d'Ophrydée. Ce point a été établi avec précision, et cette comparaison a été faite par Van Tieghem (1). Le mode d'évolution est aussi essentiellement le même : la plante fleurit au printemps, ses tubercules s'isolent en terre, dès le début de juin, leur vie active recommence en août. D'après Leclerc du Sablon, ce début de la vie active est marqué par une transformation des réserves ; ce cas est un de ceux où « même avant la formation de nouvelles feuilles ou de nouvelles racines, les réserves se transforment de façon à préparer

______

(1) Van Tieghem. — Observations sur la Ficaire (*Ann. Sc. Nat.*, 5ᵉ *série*, V, 1866). Au point de vue général où je me suis placé ici, il n'y a pas lieu de faire de distinction entre les deux variétés fertile et stérile de la Ficaire.

la reprise de la végétation » (1). Les racines ne sortent, en effet, que plus tard, à des époques assez variables (septembre-octobre). Dès la fin de décembre, les bourgeons floraux sont prêts à s'épanouir et les jeunes tubercules apparents.

L'existence de particularités aussi exactement comparables chez des plantes comme la Ficaire et les Ophrydées, dont la parenté est certainement lointaine, est un phénomène de l'ordre de ceux que l'on considère, avec juste raison, comme une convergence due à quelque condition commune. Or, la comparaison porte précisément sur les faits que je pense expliquer, chez les Ophrydées, par le mode d'infection. Il était donc intéressant de savoir si une infection de mode comparable existe chez la Ficaire. Il y avait d'autant plus lieu de le rechercher que E. Stahl cite cette plante comme l'une des rares plantes à tubercules n'ayant pas de champignons endophytes.

L'étude que j'ai faite de la Ficaire m'a montré que non seulement cette plante est infestée de la même manière et aux mêmes époques que les Ophrydées, mais encore que l'infection est produite par un champignon qui est évidemment voisin au point de vue spécifique des endophytes d'Orchidées (fig. 1 et 3, page 14) (2).

Les tubercules de Ficaire sont, comme les tubercules d'Ophrydées adultes, indemnes d'endophyte : quand la plante venant d'un tubercule commence à différencier ses bourgeons, avant la sortie des racines, l'infection n'y existe pas.

Les racines absorbantes sont au contraire normalement infestées. J'ai constaté cette infection (Voy. fig. 9, page 34), pour des plantes, appartenant soit à la variété à fleurs stériles, soit à la variété à fleurs fertiles, que j'avais récoltées au printemps dans

(1) *Rev. Gén. de Bot.* T. X, p. 537.

(2) L'endophyte en culture pure produit en assez grande abondance un pigment d'un rouge brun, et bien que la production de pigments s'observe fréquemment chez les champignons de ce groupe, elle est ici assez intense et assez constante pour constituer et fournir un caractère distinctif. Les spores Fusarium se produisent en grande abondance aux points où le milieu de culture (morceau de carotte ou de pomme de terre) touche la paroi du tube; la couleur jaunâtre des régions où s'accumulent ces spores les fait distinguer facilement. Les chlamydospores sont généralement rares. Cet ensemble de particularités est assez caractéristique pour que je puisse sans hésitation reconnaître les cultures de l'endophyte de la Ficaire dans l'ensemble des cultures d'endophytes que je possède; je serais fort embarrassé pour distinguer la plupart des autres entre elles.

des localités différentes très éloignées les unes des autres. Dès la fin de septembre, au moment où les racines qui viennent de sortir n'ont que de deux à quatre centimètres, j'ai constaté leur contamination. Au moment où les jeunes tubercules commencent à se former, les racines étant sorties, la plante est ainsi infestée. *La période de tubérisation est donc ici encore une période d'infection.*

Les racines de la Ficaire sont grêles et ramifiées, l'infection n'y est pas aussi facile à reconnaître que dans les racines charnues courtes et simples des Ophrydées (1). Ici les cellules infestées ne sont pas réparties dans une zone continue et bien limitée de l'écorce externe. L'endophyte peut se rencontrer dans certaines cellules à toutes les profondeurs de l'écorce et même dans le péricycle. Les filaments forment rarement des pelotons serrés à l'intérieur des cellules ; ils les parcourent dans toute leur longueur en se renflant par places en ampoules. Les masses de dégénérescence sont rares, petites ; il y en a plusieurs par cellule. Les racines ne sont pas régulièrement infestées dans toute leur longeur, elles peuvent présenter des régions indemnes.

L'infection est en un mot moins apparente et moins importante chez la Ficaire que chez les Ophrydées ; mais on remarquera précisément que les symptômes que j'étudie sont aussi, à plus d'un point de vue, moins marqués et moins importants. L'étude des plantules venues de graines en donnera un exemple.

La Ficaire se multiplie généralement par tubercules ; toutefois, elle peut se reproduire par graines. Les graines, comme A. de Saint Hilaire (2) l'avait déjà signalé, renferment un embryon sphérique, indifférencié, muni d'un suspenseur, entouré d'un albumen amylacé volumineux. L'état rudimentaire de l'embryon est comparable à celui des embryons d'Ophrydées, c'est une nouvelle convergence intéressante à noter, mais la présence d'un albumen constitue ici une différence importante. L'embryon qui dispose au début de sa vie d'aliments mis en réserve, ne prend pas dès le début de la germination, comme c'est le cas pour les Ophrydées, son aliment directement au sol.

(1) J'ai dû pour la reconnaître soit couper en série longitudinalement des racines réunies en faisceau avant l'enrobement à la paraffine, soit examiner par transparence des racines entières traitées comme j'ai dit.

(2) Mémoire sur les Myrsinées, les Sapotées et les embryons parallèles au plan de l'ombilic, 1837.

La germination a été étudiée par Irmisch qui a figuré plusieurs jeunes plantules (1); je l'ai observée moi-même et en donne ici des figures (fig. 7 et 8, Pl. I) pour simplifier la description. L'embryon se différencie dans la graine, pendant la digestion de l'albumen, et produit une plantule formée d'un axe hypocotylé (a) portant une racine terminale bientôt ramifiée, d'un seul cotylédon et d'un bourgeon terminal protégé par la base engainante du pétiole cotylédonaire. Cet embryon a donc tout d'abord une évolution

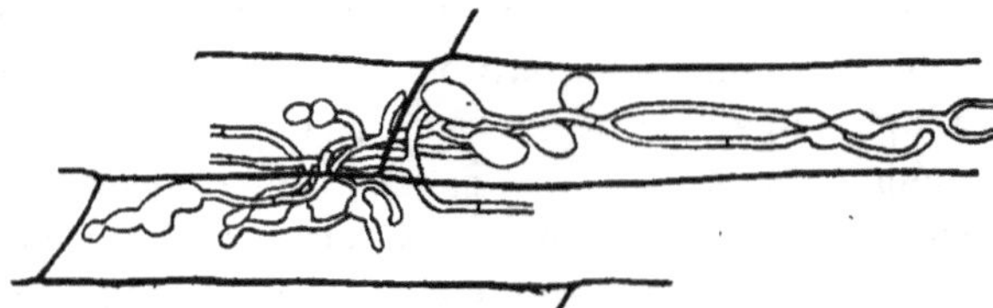

Fig. 9. — Cellules infestées de l'écorce moyenne dans la racine principale d'une plantule de Ficaire (gr. 620 fois).

normale, il ne se tubérise pas dès le début de son développement, comme c'est le cas des embryons d'Ophrydées.

La tubérisation se manifeste ici seulement après la sortie des racines : le bourgeon terminal n'évolue pas en rameau dans la première année, il donne tout au plus une seule feuille verte ; sa différenciation s'arrête bientôt et il produit un tubercule qu'on voit généralement apparaître dès que le cotylédon est déployé (fig. 7 et 8).

J'ai examiné avec soin une douzaine de jeunes plantules provenant de germinations, au moment où le bourgeon terminal commençait à se tuberculiser. A ce moment les racines sont déjà régulièrement infestées ; le champignon pénètre entre les cellules épidermiques dans la région moyenne de la racine (2), il envahit ensuite les cellules corticales (fig. 9). Les racines seules sont infestées, les autres parties des plantules sont complètement indemnes. Il est donc évident que l'infection ne s'est faite qu'après la sortie des racines dans le sol.

La série des phénomènes de la germination peut donc ici s'établir

(1) *Beiträge zùr vergleichenden Morphologie der Pflanzen.* Halle 1856.

(2) Les hyphes suivent, à la surface des racines, les lignes de séparation des cellules épidermiques. Au point de pénétration, on voit un filament se renfler en une ampoule d'où part vers l'intérieur un filament plus délié qui s'apaissit et se ramifie bientôt.

de la manière suivante : l'embryon sans s'infester tout d'abord, se différencie dans la graine pendant la digestion de l'albumen; il s'infeste peu après la sortie de ses racines dans le sol, son bourgeon terminal cesse de se différencier et donne un tubercule.

Il n'y a donc ici ni infection ni tubérisation immédiates, comme cela se voit chez les Ophrydées et, ainsi que je le montrerai chez les Orchidées en général. Le *Neottia Nidus-avis*, dont j'entreprends maintenant l'étude, va présenter le cas extrême tout différent d'une plante dont l'infection non seulement est précoce, mais encore reste permanente pendant tout le cours de la vie et dont, corrélativement, la tubérisation est précoce, permanente et plus accentuée encore que celle des Ophrydées.

CHAPITRÈ II

HISTOIRE DU *NEOTTIA NIDUS-AVIS*

On connaît l'apparence et le mode de vie du *Neottia Nidus-avis* :
peu de plantes ont autant que cette Orchidée singulière attiré
l'attention des botanistes. La plante adulte se trouve de mai à juillet dans les forêts, elle est une des rares plantes phanérogames
vivant sous les hautes futaies de hêtre dont le sol est en tout temps
recouvert de feuilles mortes. Sa hampe dressée verticalement porte
seulement quelques feuilles réduites à leurs gaines et une grappe
de fleurs ; sous le sol cette hampe se raccorde à un rhizome entièrement caché par de grosses racines charnues serrées les unes
contre les autres, le tout formant une masse compacte qu'on a
comparée à un nid d'oiseau. La tige et les feuilles sont brunes, les
fleurs roussâtres, la plante n'est verte en aucune de ses parties, elle
se montre incapable d'assimilation et tire tout son aliment de
l'humus où elle vit ; son évolution s'accomplit d'ailleurs presque
entièrement à l'abri de la lumière : elle se développe sous terre
pendant plusieurs années avant de déployer ses fleurs hors du sol.

Bien que les travaux de Irmisch (1), Prillieux (2), Drude (3) aient
fait connaître en partie les phénomènes de la vie de cette plante,
j'aurai à me reporter pour une large part à des observations per-
sonnelles afin d'établir complètement son histoire. Ici encore je me
préoccuperai surtout des rapports qui existent entre l'infection et
les phénomènes du développement de la plante depuis la germination jusqu'à la mort. J'aurai à plusieurs reprises à la comparer aux
Ophrydées et j'indique de suite par quels traits généraux elle en
diffère et par quoi elle leur ressemble.

(1) Th. Irmisch.— Beiträge zur Biologie und Morphologie der Orchideen. Leipzig,
1853.

(2) Ed. Prillieux. — De la structure anatomique et du mode de végétation du
Neottia Nidus-avis. (*Ann. Sc. Nat. Bot. 4ᵉ série, V,* 1856).

(3) O. Drude. — Die Biologie von *Monotropa Hypopitys* und *Neottia Nidus-
avis.* Göttingen, 1873.

§ I. — Comparaison du *Neottia Nidus-avis* et des Ophrydées.

Chez les Ophrydées, tous les ans, chaque plante est détruite en grande partie : un seul bourgeon reste isolé avec un tubercule et donne un pied nouveau. La grande importance de ce fait consiste en ce que les organes infestés étant parmi ceux qui sont régulièrement détruits, le pied isolé ne s'infeste que par le sol quand il développe des racines, et il y a ainsi, dans le cours de la vie, alternance des périodes d'infection et des périodes de non infection.

Rien de semblable ne se produit chez le *Neottia Nidus-avis* : au moment où une plante venue de graine arrive pour la première fois à fleurir, on trouve en la récoltant, frais et vivant encore, tous les organes qu'elle a mis plusieurs années à former et qui constituent l'ensemble du « nid d'oiseau » et la hampe. L'ensemble de la plante, comme Irmisch l'a établi, résulte alors du développement d'un seul bourgeon qui d'abord a donné dans le sol le rhizome couvert de racines charnues, puis s'est redressé pour fleurir.

Il en résulte au point de vue de l'infection une condition toute différente : l'endophyte qui habite la plante se propage sans cesse, de cellule en cellule, de la partie postérieure du rhizome vers le bourgeon terminal en voie de croissance (fig. 12). La plante est ainsi au cours de sa vie constamment infestée, et, même dans les parties qu'elle a formées depuis le plus longtemps, on trouve encore au moment de la floraison des endophytes vivants à l'intérieur de certaines cellules. Dans un récent mémoire, Magnus a signalé ce fait (1) : je n'ai donc qu'à le rappeler. La région infestée comprend les zones moyennes de l'écorce du rhizome et des racines charnues ; *elle est parfaitement continue dans tout le corps de la plante et normalement n'a pas de région de contact avec la surface extérieure* (fig. 12) ; *c'est une erreur de croire que les filaments mycéliens peuvent, en s'étendant au dehors, suppléer à l'absence totale de poils radicaux.* On ne voit que d'une manière tout à fait exceptionnelle des champignons dans les cellules épidermiques, leurs hyphes ne se prolongent pas au dehors. C'est un fait que j'avais soigneusement observé avant que Magnus ne le signalât, je puis donc con-

(1) Studien an der endotrophen Mycorrhiza von *Neottia Nidus-avis*. (*Pringsheim's Jahrb.* **XXXV**, 1900).

firmér ses observations sur ce point important pour moi. L'infection s'étend de proche en proche dans le corps même de la plante ; il n'y a pas de contamination constante par le sol dans le cours de la vie ; je dirai comment l'infection se trouve réalisée au début du développement. *L'histoire du* Neottia Nidus-avis *se trouve donc résumée par celle du développement d'un seul bourgeon d'une plante constamment infestée.*

J'indique, dès à présent, d'autre part, une analogie qui existe entre le *Neottia Nidus-avis* et les Ophrydées, afin de définir un terme qu'il me sera, par la suite, commode d'employer. Le « nid d'oiseau » du Néottia est constitué par un rhizome couvert de racines charnues (fig. 10). Le rhizome porte des écailles isolées, alternantes, assez régulièrement espacées ($e_1 e_2 e_3 e_4$, en B et C, fig. 10) ; chaque entre-nœud, limité par les lignes d'insertion de deux écailles successi-

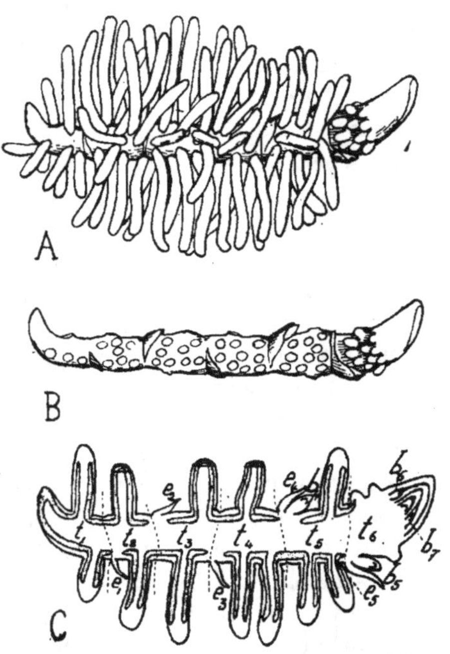

Fig. 10 à 12. — *Neottia Nidus-avis.* Rhizome déterré en mai. — A, aspect extérieur ; B, aspect après la suppression des racines ; C, coupe schématique d'ensemble, montrant l'extension de la zone infestée (pointillée).

ves, porte un paquet de racines qui s'insèrent sur tout son pourtour, serrées les unes contre les autres. Les racines apparaissent à la partie antérieure d'un rhizome en voie de développement, sur un entre-nœud du bourgeon terminal, comme des mamelons dont l'épiderme est en continuité avec l'épiderme du rhizome. Elles proviennent de la multiplication des cellules épidermiques et corticales externes ; plus tard, on voit au point végétatif, les cloisonnements se faire dans la partie profonde des tissus seulement, et une coiffe peut se distinguer. Il n'est pas douteux qu'on doive, avec Irmisch et Drude, considérer ces racines comme exogènes. Les racines d'un même entre-nœud ne naissent pas successivement pendant tout le cours de la vie de la plante ; elles apparaissent toutes à peu près simultanément. C'est ce que montre la figure que je donne ici (fig. 10, entre-nœud antérieur); les dessins très exacts donnés par Irmisch permettront aussi bien de le constater.

J'ai rappelé que, chez les Ophrydées, un tubercule est ainsi constitué par un ensemble de racines exogènes serrées les unes contre les autres, nées simultanément sur un entre-nœud de jeune bourgeon. *Un bourgeon de Néottia produisant un paquet de racines est exactement comparable au bourgeon d'une Ophrydée qui produit un tubercule* ; la seule différence est que, pour le Néottia, les racines pressées les unes contre les autres restent cependant libres d'adhérence, tandis qu'elles se soudent par leurs écorces chez les Ophrydées. Dans les racines du Néottia, comme dans un tubercule d'Ophrydée, de l'amidon s'accumule. Comme il est légitime d'employer les mêmes termes dans deux cas si exactement comparables, j'emploierai désormais le mot de tubercule dans le cas de Néottia, un tubercule étant défini comme *l'ensemble formé par un entre-nœud du rhizome et le paquet de racines exogènes qui sont développées simultanément sur ses flancs*. Ceci m'amène à considérer le « nid d'oiseau » du Néottia comme formé par un enchaînement de tubercules produits successivement par un même bourgeon. Ce sont ces tubercules successifs que j'ai désignés dans la figure 12 par t_1, t_2, t_3, t_4, t_5 (1).

Ces faits généraux étant posés, j'étudie comment se fait le développement d'un pied de *Neottia Nidus-avis* à partir de la graine.

§ II. GERMINATION. — INFECTION PRÉCOCE DES PLANTULES

J'ai trouvé près d'un millier de graines de Néottia en germination et quiconque voudra en chercher avec persévérance pourra certainement en trouver d'autres en tenant compte du fait que j'indique ici pour y revenir à la fin de ce chapitre : *certains pieds de Néottia fleurissent et fructifient sans sortir de terre, leurs graines*

(1) La comparaison du « nid d'oiseau » du Néottia et des tubercules d'Ophrydées a été indiquée par J. Costantin (*La Nature tropicale.* Paris, 1899); je lui donne ici une forme précise.

germent dans les fruits mêmes où elles se sont formées. C'est en recher-
chant systématiquement de tels pieds souterrains, après en avoir
une fois accidentellement découvert, que j'ai pu trouver des germinations ; j'en ai récolté à quatre reprises et dans trois localités
différentes. La découverte d'un pied enterré portant ses fruits,
tel que celui qui est représenté dans la Planche III (fig. 22), procure
en une seule fois plusieurs centaines de plantules qui proviennent
incontestablement de graines. Pour étudier l'anatomie de ces plantules, j'ai simplement fait des coupes en série dans plusieurs fruits
qui en contenaient un grand nombre à divers états de développement.

Les graines de Néottia à maturité (fig. 9, Pl. II), sont formées d'un embryon ovoïde, homogène, indifférencié, entouré d'un
tégument membraneux ayant la forme générale d'un ellipsoïde
allongé dans le même sens que l'embryon. Ce tégument est
composé de cellules mortes, dont les parois de contact épaissies
forment une sorte de réseau, à travers les mailles duquel l'embryon peut directement se voir. A l'une de ses extrémités, ce
tégument s'attache au placenta ; cette extrémité peut facilement
se distinguer, même sur les graines isolées (*m*, fig. 9, Pl. II).
Si l'on se souvient que l'ovule est anatrope, on voit que cette
extrémité de la graine est celle qui correspond au hile et au
micropyle de l'ovule ; j'appellerai *pôle suspenseur* (*s*), le pôle de
l'embryon, qui est tourné vers cette extrémité, et *pôle végétatif*
(*v*, fig. 9), celui qui est diamétralement opposé. Cette distinction est importante, puisqu'il s'agit de savoir si, dans ce cas où
il n'y a pas de suspenseur différencié, les cellules, en apparence
semblables des deux pôles de l'embryon, dans le développement
ultérieur, ont le même sort ou un sort différent. En examinant
un grand nombre de graines mûres, j'ai constaté que la taille de
l'embryon y est assez variable, ainsi, du reste, que le nombre des
cellules qui le composent. Toujours ces cellules renferment un
protoplasma à granules brunissant par l'iode, jamais je n'y ai trouvé
d'amidon.

Au moment de la germination, l'embryon augmente de volume,
il distend puis déchire le tégument de la graine. L'augmentation
du volume est marquée surtout au pôle végétatif, à peu près nulle
au pôle suspenseur ; l'embryon prend une forme « en toupie ». Après

qu'il a déchiré le tégument de la graine, l'embryon devient d'un beau blanc, surtout vers le pôle végétatif ; dès ce moment, de l'amidon s'accumule en grande quantité dans ses cellules. Sa surface est parfaitement lisse, on n'y distingue ni poils ni papilles d'aucune sorte.

Pour ce qui concerne les détails de l'anatomie des plantules, je renvoie aux figures de la Planche II et j'insiste ici seulement sur le fait dont j'ai été le plus vivement frappé, à savoir que *toutes ces jeunes plantules sont largement infestées d'endophyte*. La figure 11 (Pl. II) donne une idée de l'importance de l'infection chez une plantule ayant 2^{mm}. 1/2 de long. La zone infestée, parfaitement continue, s'étend entre l'épiderme qui est indemne et le parenchyme amylacé central : elle occupe deux à trois rangs de cellules. On distingue des cellules, irrégulièrement réparties, dans lesquelles le peloton de mycélium est digéré, d'autres où les filaments mycéliens restent bien distincts.

Cette zone infestée a dans son ensemble la forme d'une cloche ouverte en haut, emboîtée dans l'embryon, séparée de l'extérieur par l'épiderme dans la partie moyenne, ne touchant à la surface que dans la région de la pointe qui correspond au pôle suspenseur. Il est bien évident que *c'est à ce pôle suspenseur que l'infection s'est produite tout d'abord* et qu'elle s'est étendue de proche en proche au cours de la croissance ; l'examen des très jeunes embryons germant rend ce fait indiscutable (fig. 10, Pl. II).

Je montrerai plus loin, en étudiant la germination de graines d'Orchidées à suspenseur différencié, qu'elles s'infestent par le suspenseur ; si l'on se souvient que le suspenseur des graines, a, pendant leur développement, le rôle d'organe absorbant (1), on retrouvera là un cas particulier de la règle qui veut que l'infection se fasse par les organes d'absorption ; mais il est remarquable, dans le cas de l'embryon homogène indifférencié du Néottia, que l'infection se fasse toujours par le pôle suspenseur et non par un autre point. Ce fait que j'ai vérifié sur les jeunes embryons germant un grand nombre de fois, sans trouver une seule exception, est sans doute l'indication d'une différence physiologique importante entre les cellules des deux pôles, différence que la morphologie ne faisait pas prévoir.

(1) Treub.— *Notes sur l'embryogénie de quelques Orchidées.* Amsterdam, 1879.

La précocité de l'infection, dont j'aurai plus loin à parler pour les Orchidées en général, est ici particulièrement évidente. Au moment où l'on voit se faire les premières divisions cellulaires au pôle végétatif, l'embryon est déjà très largement infesté, et presque toujours il y a dès ce moment des pelotons mycéliens digérés dans quelques cellules, ce qui prouve que la contamination s'est déjà faite depuis quelque temps. La figure 10 (Pl. II) permettra de juger de l'état des plantules à ces premiers stades de la germination. Dans l'un des fruits que j'ai coupés en série j'ai eu un grand nombre de ces très jeunes plantules ayant à peine dépassé la taille de l'embryon d'une graine (1/4 à 1/3 de millimètre de long) et toutes déjà largement infestées au premier moment où il devenait certain qu'elles germaient. Il paraît donc bien ici que l'infection du pôle suspenseur précède le développement du pôle végétatif ; autrement dit : *l'infection est le premier phénomène constatable de la germination.*

La jeune plantule croît d'abord seulement par un point végétatif unique bien déterminé, où je n'ai pas pu compter un nombre fixe d'initiales ; la croissance se fait surtout en longueur et le diamètre augmente peu. Les champignons gagnent de proche en proche les cellules nouvellement formées, à mesure qu'elles atteignent la taille qu'elles garderont désormais. Les plantules ayant à peu près 1 millimètre de long sont ainsi infestées sur les trois quarts de leur longueur totale. En avant de la zone infestée se trouve seulement le méristème terminal à petites cellules Dans les cellules de ce méristème qui sont au contact de la zone infestée apparaissent les premiers granules d'amidon. La conséquence de ces phénomènes de la première période de croissance est la formation de *l'axe embryonnaire* de la plantule (A, fig. 12 et 13, Pl. II). Cet axe embryonnaire qui reste visible sur les plantules plus âgées a la forme d'un cône à angle au sommet aigu ; souvent il se recourbe en forme de corne à boire.

A partir du moment où les plantules dépassent une taille moyenne de 2 millimètres de long, les phénomènes changent nettement d'allure : on voit se former en avant de la plantule un renflement bien marqué qui est par rapport à l'axe embryonnaire comme est à une courte épingle sa tête globuleuse. Sur ce renflement terminal entièrement formé d'un tissu embryonnaire homogène apparaissent bientôt des mamelons latéraux ayant un point végé-

tatif distinct ; ces mamelons exogènes sont l'origine des premières
racines. La figure 11 (Pl II) représente une plantule qui est au
stade dont je parle, on n'y distingue encore ni feuilles ni bourgeon
terminal différencié.

Le renflement terminal de l'axe où apparaissent à la fois les
premières racines est d'après la définition que j'ai prise le premier
tubercule de la plante. Ce tubercule est entièrement formé de
cellules jeunes à caractères embryonnaires, il n'est pas infesté.
*C'est seulement après que ce tubercule est bien distinct que la première
feuille apparaît* ainsi que le bourgeon terminal (fig. 12 et 13, Pl. II) ;
les plantules ont alors 3 à 4 millimètres de long.

J'ai récolté à deux époques des plantules de Néottia : en septembre et en mai. En septembre les plus grandes que j'ai trouvées
ne dépassaient pas trois millimètres ; leur germination avait dû com-
mencer en juin ou juillet ; en mai j'en ai trouvé de plus avancées,
atteignant cinq millimètres de long, ayant un tubercule bien distinct
et deux feuilles différenciées (fig. 13, Pl. II) ; ces plantules provenaient manifestement d'un pied enterré de l'année précédente, elles
avaient sans doute près d'un an. Chez le Néottia comme chez les
Orchidées en général, le développement des plantules venant de
graines ne se fait ainsi qu'avec une extrême lenteur.

Les phénomènes de ce développement se succèdent en résumé
dans l'ordre suivant au cours de la première année : *l'embryon
s'infeste au pôle suspenseur ; il différencie au pôle opposé un point
végétatif. Ce point végétatif semble fuir devant l'infection pendant tout
le temps que se constitue l'axe embryonnaire. En avant de cet axe
embryonnaire se forme le premier tubercule. Alors se différencie le
bourgeon terminal et sa première écaille ; ce bourgeon terminal est
séparé de la zone infestée par la masse indemne du tubercule.* La tubérisation précoce accompagne ici l'infection, elle précède la différenciation du premier bourgeon de la plante.

Cette tubérisation précoce s'observe non seulement pour les plantes venant de graines, mais encore pour celles qui proviennent du
bourgeonnement terminal des racines. Prillieux a signalé ce mode
de multiplication de la plante qui est très fréquent : les racines
d'un pied mort, isolées dans le sol, bourgeonnent par leur extrémité
et donnent de nouveaux nids d'oiseau. J'ai représenté dans la Planche II la coupe d'une extrémité de racine bourgeonnante (fig. 15) et

l'aspect extérieur d'une autre racine à un stade plus avancé (fig. 16).
La racine isolée est largement infestée par sa partie postérieure ;
son point végétatif seul est indemne. L'ensemble est comparable à
un axe embryonnaire infesté à point végétatif indemne, le développement se fait suivant un mode comparable. Le méristème terminal
de la racine, cloisonnant activement ses cellules, donne un petit
tubercule de parenchyme amylacé (fig, 15). Ce tubercule, d'un beau
blanc de lait, déchire la coiffe de la racine ; c'est seulement après
qu'il est bien marqué, souvent alors qu'il a déjà développé quelques
jeunes racines, qu'un bourgeon terminal se différencie (fig. 16).

Il n'est pas facile de savoir si les plantes que l'on trouve à des
stades avancés de développement proviennent de graines ou de
semblables tubercules radicaux. Le développement dans l'un et
l'autre cas doit se poursuivre de la même manière, j'étudierai la
suite des phénomènes qu'il présente, sans me préoccuper de l'ori-·
gine des plantes que j'ai récoltées ; elles étaient pour les faits généraux que j'ai à indiquer comparables les unes aux autres.

§ III. — DÉVELOPPEMENT DU BOURGEON TERMINAL.

Au cours de toute la vie comme pendant la première période,
chaque tubercule au moment où il se forme n'est pas infesté (fig. 12).
Un entre-nœud qui évolue en tubercule, est en presque tous les
points de son pourtour le siège d'une active prolifération cellulaire,
les racines naissant toutes à peu près simultanément. Cette prolifération intéresse l'épiderme et les assises corticales externes, c'est-
à-dire précisément le seul tissu de la plante où l'endophyte se propage. Que ce tissu ne soit pas atteint au moment où il est à un état
embryonnaire, c'est un cas particulier d'une règle générale que j'ai
posée tout d'abord. Je l'ai vérifiée ici un grand nombre de fois ;
ce caractère n'avait, au reste, pas échappé à Irmisch, qui note en
une courte phrase que la matière brune, si abondante dans les
cellules corticales des racines adultes, n'existe pas dans les racines
jeunes. Le tubercule s'infeste plus tard, au moment où il prend
ses caractères définitifs et quand la croissance est bien localisée à
la pointe des racines. Un tubercule qui est l'état de t_s (fig. 12),
commence généralement à s'infester à sa partie postérieure. Ce
qu'il faut retenir ici d'essentiel, c'est qu'*un tubercule, au moment où*

il se forme, fait momentanément obstacle à la progression de l'endo-phyte dans la plante.

Les entre-nœuds du rhizome évoluent successivement en tuber-cules, de telle manière que l'on trouve toujours le plus jeune tubercule en arrière du bourgeon terminal et en avant d'un tuber-cule infesté. Au moment où un tubercule s'infeste, l'entre-nœud du bourgeon terminal qui est immédiatement en avant de lui commence à se tuberculiser. *Le bourgeon est ainsi toujours pro-tégé contre l'infection par la formation de nouveaux tubercules.*

La seule remarque importante à faire maintenant est relative à la manière dont la plante arrive à fleurir La différenciation des fleurs est plus précoce encore chez le *Neottia Nidus-avis* que chez les Ophrydées (1). Dès le mois de juillet, j'ai trouvé des pieds dont les fleurs étaient déjà formées dans le bourgeon terminal ; or, à ce moment, l'époque de la floraison est passée, aucun pied nouveau ne sort de terre, il s'agit donc de plantes qui ne fleuri-ront que l'année suivante. Dès le mois de mai, on trouve des rhizomes portant dans leur bourgeon terminal l'ébauche des fleurs qui viendront au jour seulement l'an d'après. Au moment où la hampe florale se différencie ainsi un an avant la floraison, le bourgeon terminal est séparé de la zone infestée par un tuber-cule indemne. L'infection s'étend peu à peu à ce tubercule au cours de l'année suivante, mais ici comme chez les Ophrydées, le bourgeon, arrivé à un haut degré de différenciation, ne forme plus de tubercule nouveau : au moment où la hampe se développe, pour se dessécher peu après, l'endophyte atteint à sa base les racines les plus antérieures.

Le bourgeon a donc été protégé de l'infection par la formation des tubercules successifs depuis son apparition jusqu'à sa différenciation complète ; le dernier tubercule n'achève d'être infesté que quand la hampe se déploie.

De même, l'étude des Ophrydées montre que la différenciation de la hampe se fait au moment où la plante n'est pas infestée, mais que son développement a lieu en pleine période d'infection. Il y a entre les deux cas une analogie manifeste du mode de végétation ; cette analogie n'empêche pas qu'il y ait entre eux une différence importante du mode de nutrition.

(1) Irmisch signale cette différenciation très précoce de la hampe florale.

Chez le Néottia, il se forme de l'amidon depuis le début de la vie jusqu'à l'époque de la constitution complète du rhizome. Cet amidon apparaît dans chaque tubercule qui se forme et reste localisé dans les assises corticales profondes du rhizome et des racines depuis la zone infestée jusqu'à la zone vasculaire ; il en existe en moindre quantité dans les cellules de la moelle du rhizome.

Au moment où un nouveau tubercule se forme, on ne voit l'amidon disparaître dans aucun des tubercules précédents. Le nombre des grains dans les cellules ne diminue. pas, ces grains ne se montrent en aucune manière corrodés. Il paraît donc que l'amidon se forme bien à tous les moments au moyen d'une partie de l'aliment que la plante absorbe à ce moment là ; il n'y a pas en ce cas, comme cela arrive en d'autres, un simple déplacement de l'amidon qui, digéré en un point, se reforme en un autre.

Pendant tout le cours du développement, une partie seulement de l'aliment disponible est employée à la différenciation du bourgeon terminal, une autre partie s'accumule en arrière de lui dans les tubercules successifs.

En suivant le langage qui est généralement adopté, il faudrait dire qu'il y a mise en réserve d'une partie de l'aliment dans les tubercules ; mais le mot de « réserve » convient ici fort mal, puisque *au moins en majeure partie l'amidon accumulé dans les tubercules n'est jamais consommé par la plante.*

Si l'examen microscopique ne donne pas de renseignements plus précis, il suffit pourtant à mettre hors de doute la vérité de cette affirmation. J'ai examiné les rhizomes de pieds en fleurs ou en fruits, ou même de pieds à hampes desséchées et j'ai toujours vu autant d'amidon dans les zones corticales internes de tous les tubercules. Tout au plus après la floraison on peut voir que la quantité d'amidon a diminué à la partie antérieure du rhizome, dans le parenchyme médullaire de son cylindre central ; mais dans les zones corticales, au contact de la zone infestée d'un bout à l'autre du rhizome, comme dans les racines, les cellules restent remplies de grains d'amidon à ce moment comme à tout autre.

La plante meurt souvent ainsi après avoir fleuri, et les réserves qui se sont faites lui demeurent inutiles ; l'amidon accumulé est consommé par d'autres êtres. Parfois les rhizomes noircissent et sont détruits par des microorganismes divers, l'extrémité des racines seule conservant sa vitalité et donnant de nouvelles plantules. J'ai trouvé dans ces vieilles racines de Néottia, en très grande abondance, les larves et les pupes d'un diptère qui passe pour rare : le *Chyliza vittata* (1). Ces larves perforent les racines encore vivantes dans le cours de l'été, elles y creusent une galerie qui est exactement à leur taille, en se nourrissant du parenchyme amylacé central qu'elles détruisent, jusqu'au contact de la zone infestée. Depuis deux ans j'ai trouvé, aussi bien à Saint-Germain qu'à Fontainebleau, un très grand nombre de ces larves, et il est rare que les pieds qui viennent de fleurir n'en contiennent pas quelques-unes dans leurs racines ou leurs rhizomes.

Le fait que peu d'aliment soit utilisé à chaque moment par la plante est rendu plus manifeste encore par l'extrême lenteur du développement pendant toute la vie. Les évaluations approximatives que j'ai pu faire de la durée de ce développement, ont suffi à me donner la conviction qu'il exige un temps considérable.

J'ai indiqué déjà que dans la première année il y avait formation d'un seul tubercule et aussi qu'il fallait une année entière pour la seule différenciation des fleurs sans apparition de tubercule nouveau. A ces deux années il faut ajouter le nombre de celles qui sont nécessaires pour la formation de 5 à 9 tubercules qui existent, en plus du premier formé, à l'époque de la floraison. Il me paraît assez vraisemblable qu'ici, comme chez les Ophrydées, il ne se forme qu'un tubercule par an. Cela donnerait de 7 à 11 ans pour qu'une plante venue de bourgeon radical ou de graine arrive à fleurir. On trouve à une même époque, au printemps par exemple, assez de stades divers des plantes que l'on déterre pour qu'il ne paraisse pas que cette évaluation ait rien d'exagéré (2). Elle est fort au dessus pourtant de ce qu'on pense en général : Irmisch décrit

---

(1) J'ai obtenu des éclosions de pupes au laboratoire ; M. Giard, à qui je les ai fait transmettre, a bien voulu les déterminer et faire connaître leur mode de vie. [Voy. Sur la biologie du *Chyliza vittata. Bull. Soc. Entom. de France.* N° 16, 1900]. Dans les racines du *Limodorum abortivum* il existe des larves semblables. Je ne sais si elles sont de la même espèce ou d'une espèce voisine, n'en ayant pas eu d'éclosion.

(2) La recherche assez pénible des pieds souterrains à laquelle j'ai consacré des journées entières, m'a amené à déterrer un nombre considérable de pieds. Il n'est nullement exagéré de dire qu'on trouve à une même époque 10 fois plus de plantes en voie de développement sous terre que de plantes à tige aérienne.

comme plantes de première année des plantes trouvées au printemps qui ont 1 cent. 1/2 de long et qui portent trois tubercules ; il y a là certainement une erreur, car j'ai trouvé à la même époque des stades bien moins avancés (fig. 13, Pl. II). Irmisch ne les connaissait pas, n'ayant observé ni la germination des graines ni le bourgeonnement des racines. Pour avoir une évaluation précise et certaine du temps nécessaire au développement, il faudrait cultiver la plante, et jusqu'ici on n'y a pas réussi.

Je compare maintenant ces faits à ceux que l'étude des Ophrydées m'a fait connaître. Chez ces plantes la différenciation ralentie coïncide avec l'infection, elle s'accélère quand l'infection n'existe plus ; le développement n'est uniformément lent qu'au début de la vie, époque à laquelle un seul bourgeon d'une plante presque constamment infestée met plusieurs années à évoluer en produisant plusieurs tubercules successifs.

Pour le *Neottia Nidus-avis* la lenteur du développement et de la différenciation, l'accumulation de réserves sont de règle constante dans la vie d'un bourgeon qui arrive à produire 6 à 10 tubercules. Je crois pouvoir relier ces faits à la persistance de l'infection caractéristique de cette plante.

L'étude qui va suivre apportera une confirmation à cette manière de voir en montrant que l'accélération du développement si nette chez les Ophrydées s'observe à un moindre degré chez le *Neottia Nidus-avis* pour des bourgeons de second ordre mieux défendus contre l'infection que le bourgeon terminal.

§ IV. Développement des bourgeons de second ordre du rhizome

Des bourgeons de second ordre se voient généralement à l'aisselle des écailles du rhizome, elles peuvent en être toutes pourvues à l'exception toutefois des écailles postérieures. Ces bourgeons de second ordre peuvent se développer et porter des bourgeons axillaires de troisième ordre (fig. 19, Pl. III), et ainsi de suite. Dans les descriptions qui vont suivre comme dans les figures, je désignerai par e_1, e_2, e_3... e_n les écailles du rhizome successivement produites par le bourgeon terminal, et par b_1, b_2... b_n les bourgeons de second ordre qui leur correspondent ; les lettres b', b'' et b''' affectées d'indices, seront employées pour désigner les bourgeons de troisième, quatrième et cinquième ordre.

Il importe tout d'abord de se représenter exactement les conditions dans lesquelles ces bourgeons se trouvent, pendant leur développement, en ce qui concerne l'infection. Les bourgeons de second ordre naissent à l'aisselle des écailles, serrées les unes contre les autres, d'un bourgeon terminal de rhizome en voie de développement (b_6, b_7, fig. 12). Plus tard, les entre-nœuds qui séparent ces écailles s'allongent, évoluent en tubercules puis s'infestent. Par suite les bourgeons s'isolent sur le rhizome entre les tubercules successifs comme le montre la figure 13, et ils sont successivement atteints par l'endophyte. Quand on étudie les bourgeons de second ordre d'un rhizome il importe de se rappeler que les bourgeons postérieurs (b_3, b_4) ont été les premiers atteints par l'endophyte et qu'au contraire les bourgeons antérieurs (b_6, b_7) ont été protégés de l'infection pendant longtemps par les tubercules que le bourgeon terminal a produits en arrière d'eux (t_4, t_5, t_6, t_7). Les bourgeons de second ordre situés à la partie antérieure d'un rhizome peuvent produire des bourgeons de troisième ordre avant d'être atteints par l'endophyte. Ces bourgeons de troisième ordre sont protégés de l'infection d'abord par les tubercules formés sur l'axe principal, ensuite par ceux qui se forment sur l'axe de second ordre (fig. 19, Pl. III).

En résumé le développement des bourgeons se poursuit à l'abri de l'infection pendant un temps de plus en plus long quand on considère soit, pour les bourgeons du second ordre, ceux qui sont de plus en plus antérieurs sur le rhizome, soit, pour une même pousse, les bourgeons dont l'ordre est de plus en plus élevé. L'étude du développement de ces bourgeons permet d'apprécier les conséquences qu'entraîne pour eux l'atteinte plus ou moins précoce par l'endophyte.

En étudiant le mode de différenciation des bourgeons on peut distinguer deux cas extrêmes reliés par des intermédiaires faciles à concevoir.

1° Les bourgeons qui sont rapidement atteints par l'endophyte ne différencient leurs feuilles successives et leurs fleurs qu'avec une grande lenteur ; ils donnent de nombreux tubercules. Ces bourgeons évoluent à très peu près comme le bourgeon terminal.

2° Les bourgeons qui sont protégés contre l'infection évoluent

en différenciant de suite des feuilles uombreuses. Ils sont haute·
ment différenciés quand l'endophyte les atteint ; ils peuvent alors
produire tardivement un seul tubercule avant de donner des fleurs.
Dans ce second cas, les bourgeons se différencient et se développent
avec une rapidité beaucoup plus grande que dans le premier.

Par ces faits l'on trouve dans la seule étude du *Neottia Nidus-
avis* en dehors de tout argument tiré de la Biologie comparée, une
raison pour croire que *la tubérisation des bourgeons et la.lenteur de leur différenciation sont des conséquences de l'infection*. Tout se passe au moins comme s'il en était ainsi ; c'est ce que montreront les cas que j'étudie ici.

La figure 13, les figures 17 et 18 (Pl. III) sont relatives à des cas divers du développement des bourgeons de second ordre. Dans le cas fréquent où, au moment de la première floraison, aucun bour-

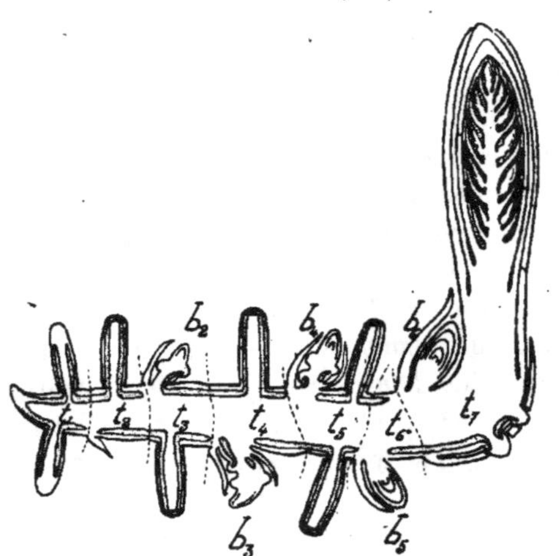

Fig. 13.— Pied de *Neottia Nidus-avis* prêt à fleurir (fin avril) portant des bourgeonsà divers états de développement (coupe schématique). Zone infes-tée en pointillé.

geon de second ordre n'a pris un développement considérable,
on constate pourtant que les bourgeons postérieurs du rhizome
n'ont encore qu'une feuille et déjà se tuberculisent, tandis que les
bourgeons antérieurs portent des feuilles nombreuses et ne se
tuberculisent pas encore. Ce cas est celui de la figure 13; le bourgeon
b_t, qui est le plus âgé et le plus anciennement atteint par l'endophyte, n'a qu'une écaille et porte un tubercule; le bourgeon b_s, qui
est le plus jeune, mais qui a été le plus longtemps protégé de l'infection, a quatre feuilles et pas de tubercules. Les bourgeons de la
partie moyenne du rhizome sont à des états intermédiaires.

La différence apparaît beaucoup plus nettement dans le cas où
l'un des bourgeons axillaires se développe en même temps que le

bourgeon terminal. Si c'est un bourgeon postérieur, il donne de nombreux tubercules et la plante paraît alors avoir un rhizome ramifié (fig. 17, Pl. III) ; si c'est un bourgeon antérieur, il donne une hampe florale après avoir produit un seul tubercule (fig. 18, Pl. III). L'accélération du développement pour le bourgeon *b* est, en ce cas, manifeste, puisqu'il se trouve prêt en même temps que le bourgeon terminal B à donner une hampe florale.

L'accélération du développement devient plus nette encore pour les bourgeons axillaires d'ordre supérieur qui peuvent se développer sur les bourgeons de second ordre (fig. 19, Pl. III). Ces bourgeons d'ordre divers peuvent arriver en même temps à donner des hampes florales, ce qui suffit à prouver que les derniers apparus ont évolué plus vite que les précédents. La figure 20, (Pl. III), en donne un exemple remarquable : cinq bourgeons d'un même pied appartenant à trois ordres successifs (b, b'_1, b'_2, b''_1, b''_2) ayant à la même époque (mai) achevé la différenciation de leurs fleurs. Je renvoie pour le détail de ce cas à l'explication de la planche.

Ces exemples suffisent pour montrer que le développement des bourgeons se présente à première vue avec une assez large variabilité de caractères. La multiplication de la plante par déve-loppement de ces bourgeons a été comprise de diverses manières qu'il m'importe de rappeler.

On sait que beaucoup d'Orchidées à rhizome végètent *en sym-pode* : à la base de la hampe florale de chaque année se développe un bourgeon axillaire qui donne la hampe florale de l'année sui-vante. Irmisch, avec certaines réserves, pensait qu'il en était de même chez le Néottia. Prillieux a combattu cette opinion. Drude, après Irmisch, l'a soutenue. Les faits rapportés par ces trois observateurs sont exacts, leur désaccord vient de ce que, après avoir observé trop peu de cas, ils ont cherché à les rattacher à un mode de végétation plus simple que n'est celui du Néottia.

Le mode de végétation en sympode s'observe quelquefois, j'en ai vu des exemples indiscutables pour des pieds qui au printemps portaient, en même temps que la hampe desséchée de l'année pré-cédente, une hampe nouvelle due au développement d'un bourgeon axillaire antérieur de l'axe primaire. Ce cas est très rare, Prillieux n'en a rencontré aucun exemple. Le plus souvent il y a comme j'ai dit une telle accélération du développement des bourgeons que les deux axes (fig. 18, Pl. III) ou les trois axes (fig. 20, Pl. III) disposés en sympode portent des fleurs en même temps. Prillieux a vu quelques exemples de ce cas assez fréquent qui diffère du mode typique de végétation en sympode par la rapidité plus grande du développement des bourgeons.

Ce qui pourrait faire croire à la fréquence du mode de végétation sympodique régulier c'est que l'on trouve comme j'ai dit au moment de la floraison des bourgeons hautement différenciés à la partie antérieure du rhizome où s'attache la hampe (b, fig. 13); Irmisch et Drude l'ont remarqué. Mais, comme l'a fait observer Prillieux, on constate, quand on déterre les pieds pendant l'automne, que la plupart sont morts après avoir fleuri. Les bourgeons antérieurs atteints par l'infection ne se sont pas développés. Cet arrêt du développement des bourgeons peut se produire même après qu'ils ont complètement différencié leurs fleurs et c'est un cas qui n'est pas rare. La plante représentée dans la figure 20 (Pl. III) en donne un exemple ; comme j'ai dit les bourgeons b, b', b', b'', b'', avaient au même moment (mai) différencié leurs fleurs, mais tandis que les bourgeons b', b'', b'', étaient manifestement sur le point de se développer en hampes, les bourgeons b et b', intacts en apparence, étaient envahis par l'endophyte jusqu'à la base des hampes florales (la limite supérieure de la zone infestée est indiquée par un trait sur la figure), et ces hampes florales noircies et desséchées n'auraient évidemment pas pris d'autre développement. Plusieurs fois j'ai observé des cas semblables pour des bourgeons intacts en apparence mais largement envahis d'endophyte et ayant leurs bourgeons floraux desséchés.

La mort fréquente des bourgeons atteints par l'endophyte empêche à elle seule qu'il y ait un développement sympodique régulier ; le mode de multiplication de la plante par bourgeons est plus complexe; on peut, à ce qu'il me paraît, seulement le comprendre si l'on tient compte de la condition essentielle qu'est ici l'infection.

Le dessèchement des bourgeons hautement différenciés que l'endophyte atteint est à un point de vue plus général intéressant à noter. Ici comme pour les Ophrydées les bourgeons hautement différenciés ne réagissent plus à l'infection qui les gagne en formant des tubercules; mais chez le Néottia ils ne peuvent que se

développer en hampes florales ou mourir ; on verra dans le paragraphe suivant qu'ils développent parfois leur hampe florifère
d'une manière anormale, mais jamais en tous cas ils ne donnent
de tige feuillée, comme cela arrivait chez les Ophrydées : toutes
les tiges aériennes de la plante portent des fleurs.

§ V. — PIEDS A HAMPE SOUTERRAINE. CONDITIONS DE LA GERMINATION

J'ai indiqué, au début de ce chapitre, que certains pieds de
Néottia fleurissent et fructifient sous terre ; c'est dans les capsules
que portaient des hampes enterrées, que j'ai trouvé des graines en
germination. La production de ces pieds souterrains n'est pas un
fait accidentel : malgré les difficultés spéciales de la recherche,
j'en ai trouvé plus de cinquante, à divers stades de développement
dans des localités variées.

Ces pieds proviennent de rhizomes qui ne sont, en général, pas
plus profondément enterrés que ceux des pieds normaux ; les tiges
ne sortent pas du sol, parce qu'elles se recourbent de diverses
manières à l'époque de leur croissance, tandis que les tiges
aériennes sont toujours parfaitement rectilignes et verticales. La
figure 22 (Pl. III), qui représente une des hampes souterraines dont
les fruits contenaient des graines en germination donne un exemple
de cette disposition des tiges enterrées. Comme on le voit, dans ce
cas, la tige, après s'être élevée verticalement, se recourbe et plonge
vers le bas de telle façon que sa partie extrême, qui porte les fruits,
se trouve au-dessous du rhizome. Les courbures sont le plus
souvent régulières, mais se produisent en des points variables ;
certains pieds en présentent jusqu'à trois ou quatre successives
dans des sens différents ; elles s'accompagnent de torsions de la
tige sur elle-même qui affectent l'ensemble des faisceaux libéro-
ligneux, disposés irrégulièrement en spirale. Dès le mois
d'avril, on peut reconnaître les pieds qui ne sortiront pas de terre
au recourbement de leur bourgeon (fig. 21, Pl. III); les pieds qui
donneront des tiges aériennes ont à ce moment un bourgeon
régulièrement vertical. Ces pieds souterrains fleurissent et fructifient sensiblement aux mêmes époques que les pieds à hampes
aériennes. Les fleurs s'ouvrent d'une façon normale et ne diffèrent
des fleurs aériennes par aucun caractère essentiel ; le pollen est

en tétrades et pulvérulent comme à l'ordinaire ; il y a nécessairement ici autofécondation des fleurs (1).

La maturation des ovules et le premier développement des graines m'ont paru s'effectuer normalement pour de nombreux pieds souterrains que j'ai récoltés après l'époque de la fécondation (20 juin). Je n'ai pas observé les derniers stades de la maturation des graines, mais j'ai trouvé une quinzaine de pieds souterrains portant des fruits. La tige contournée est alors ligneuse et creusée d'une lacune centrale ; la différenciation histologique s'est poursuivie jusqu'à son terme comme pour les tiges aériennes. Les fruits sont, comme à l'ordinaire, des capsules à six valves ; ils sont seulement aplatis ou contournés de diverses manières (fig. 22, Pl. III), ce qui peut s'expliquer par les difficultés de leur croissance dans le sol. Quatre des pieds que j'ai récoltés à cet état contenaient dans leurs capsules des graines en germination.

L'enterrement des hampes est dû à leur courbure, et ce n'est pas inversement, comme je l'ai cru tout d'abord, à l'enterrement que la courbure est due. En effet les pieds enterrés que j'ai trouvés étaient le plus souvent dans un sol meuble ne pouvant pas présenter d'obstacle sérieux à une croissance régulière ; il arrive même pour des pieds à rhizome peu profond que la hampe se recourbe bien qu'elle sorte de terre ; quoique ce fait soit assez rare, il suffit que j'en aie observé quelques exemples pour établir que la courbure de la hampe ne saurait être attribuée en général à la présence d'un obstacle, dans le sol, s'opposant mécaniquement à la croissance. J'ai d'autre part cherché en vain s'il n'existait pas pour ces tiges contournées de parasite local expliquant leur déformation. Il paraît donc que la courbure est due à des variations irrégulières du géotropisme de la tige en voie de croissance ; *elle est attribuable à un état particulier des pieds qui s'enterrent et non à des circonstances accidentelles extérieures* (2),

---

(1) C'est à ce point de vue, un cas intéressant à noter dans cette famille des Orchidées où Darwin a cherché les exemples les plus nets de fécondation croisée nécessaire. Quand bien même la fécondation croisée serait de règle pour les fleurs aériennes de cette espèce, il n'y aurait qu'un bien faible argument à en tirer, puisque les graines produites, après autofécondation, par ces pieds souterrains germent, à ce qu'il semble, le plus facilement, si tant est même que les autres puissent germer.

(2) Comme je l'avais dit, incidemment du reste, dans une communication préliminaire sur ce sujet. (*Comptes-Rendus*, 15 mai 1899).

Cette modification des pieds qui demeurent sous terre a-t-elle un rapport avec l'infection de la plante ? Je n'oserais l'affirmer, bien que cela me paraisse vraisemblable. La seule raison particu- lière que j'aie ici de le croire est que, pour deux jeunes hampes déjà courbées, j'ai observé une extension anormale de la zone infestée : l'endophyte s'était propagé à la base de la hampe, jusqu'au dessus de l'insertion des premières feuilles (trait pointillé fig. 21, Pl. III), tandis que pour les pieds normaux qui, à la même époque sont prêts à fleurir, l'endophyte ne gagne souvent pas même les racines les plus antérieures. La recherche des pieds souterrains est plus difficile au début du printemps que pendant l'été, les pieds normaux non sortis encore ne pouvant servir pour la guider : je n'ai observé que deux de ces stades jeunes à infection étendue. Au moment où les pieds souterrains sont en fleurs, la zone infestée est limitée à peu près de la même manière, mais la différence avec les pieds normaux est moins sensible. Ce n'est que lorsque la hampe meurt que l'endophyte se propage jusqu'aux fruits, comme je le dirai plus loin. Il y a plus d'une raison de croire que l'infection n'est pas sans rapports, dans des cas divers, avec des variations du géotropisme ; pour le Néottia, je suis porté à voir dans le cas des plantes à tige contournée, un intermédiaire entre celui des plantes à hampe normale et à infection limitée au rhizome, et celui des plantes à hampe tout à fait avortée et à infection très étendue que j'ai signalé déjà. Mais je ne puis donner cette interprétation qu'avec réserve.

Quoi qu'il en soit, l'existence de ces pieds souterrains me paraît, à plus d'un titre, un fait intéressant à noter dans l'histoire de cette plante. Comme je l'ai rappelé, le Néottia vit normalement plusieurs années sous terre avant de développer à la lumière atténuée du sous- bois une hampe bientôt desséchée, mais il peut aussi fleurir dans l'humus même et y mûrir ses fruits. Par là cette plante paraît adap- tée d'une façon particulière à la vie dans l'humus des hautes futaies où le sol, sans cesse, s'exhausse par les chutes de feuilles annuelles. C'est presque exclusivement dans les grands bois de hêtre qu'on la trouve, mais, tandis que le plus souvent les pieds sont relativement rares et espacés à l'intérieur des bois, ils poussent presque côte à côte en groupes nombreux et serrés sur les talus peu élevés du bord des routes *où l'on rejette chaque année les feuilles de hêtre qui for-*

ment, en se détruisant, un abondant terreau. Cette grande abondance du *Neottia Nidus-avis* sur le bord des routes les mieux entretenues est, dans la forêt de Fontainebleau, tout à fait caractéristique. Il y a, pour ainsi dire, en ces points, une chute de feuilles annuelle plus abondante que partout ailleurs ; la plante retrouve là une condition qui a dû être naturellement réalisée dans les grandes forêts non défrichées d'autrefois, elle s'y multiplie mieux que partout ailleurs, les pieds à hampes enterrées comme les pieds normaux y sont plus robustes et plus nombreux.

La formation normale de hampes souterraines n'est pas particulière au *Neottia Nidus-avis*. J'ai trouvé un pied de *Limodorum abortivum* complètement souterrain, ayant des fleurs ouvertes à plus de trente centimètres sous terre dans un sol caillouteux ; ce pied n'aurait certainement jamais vu le jour, sa tige n'était que faiblement contournée. La rareté des stations de *Limodorum*, la profondeur des rhizomes qu'on ne peut atteindre qu'en creusant des tranchées à la pioche, m'ont empêché de rechercher d'autres plantes semblables de cette espèce. A plusieurs reprises j'ai rencontré des pieds de *Monotropa hypopitys* entièrement souterrains et dont les tiges étaient de diverses manières contournées à la façon de celles des pieds souterrains de Néottia. Ces pieds enterrés de *Monotropa* peuvent mûrir leurs graines : j'en ai trouvé plusieurs portant des fruits, mais je n'ai pas vu dans ces fruits de graines en germination ; je ne doute guère cependant que ce soit là qu'il faille en chercher. Pour le *Monotropa* le fait de l'enterrement complet de certains pieds ne paraîtra pas étrange si l'on se rappelle la forme normale en crosse des hampes florifères, qui, généralement, sortent à peine de terre. Le cas du Néottia n'est donc ni accidentel ni isolé : *la vie entièrement souterraine paraît un mode fréquent d'existence chez certaines plantes phanérogames de l'humus.*

En étudiant les plantules de Néottia j'ai dit qu'elles étaient largement infestées d'endophyte dès le début de leur germination. Il est facile de comprendre comment cette infection a été réalisée pour les graines des pieds souterrains où j'ai trouvé ces plantules. En ouvrant la plupart des fruits où les graines germaient, j'y ai trouvé les embryons inclus dans une masse cotonneuse de filaments mycéliens enchevêtrés. Ce mycélium était, par le pédoncule des fruits, en continuité, avec un mycélium semblable remplissant plus ou moins complètement la lacune centrale dont ces vieilles tiges sont creusées. J'ai semé de ce mycélium de la hampe ou des fruits dans des tubes stériles sur carotte ou pomme de terre et j'ai eu ainsi dans presque tous les cas, le développement d'un seul champignon morphologiquement identique à l'endophyte obtenu à partir des racines (1). Il paraît donc que les endophytes normaux de la plante concourent, avec d'autres microorganismes, à sa destruction après la formation des fruits ; mais dans les fruits qui sont atteints, les graines s'infestent et germent.

Rien de semblable ne s'observe pour les hampes aériennes ; le mycélium du rhizome se propage à la partie inférieure de la hampe enterrée dans le sol humide, mais il n'atteint pas la partie aérienne et n'arrive pas aux fruits. En semant directement en tubes stériles les graines des capsules aériennes, je n'ai obtenu en aucun cas le développement d'un Fusarium. Souvent ces semis sont restés tout à fait stériles. On sait d'autre part qu'on n'a jamais pu faire germer les graines des hampes aériennes du *Neottia Nidus-avis*. J'ai essayé moi-même bien souvent d'en faire germer dans des conditions diverses et n'y suis jamais parvenu.

Cette question de la germination des Orchidées faisant l'objet du chapitre suivant, je n'y insiste pas ici et je rappelle seulement pour finir les conditions dans lesquelles Bruchmann (2) a observé la germination des spores de Lycopodes, ces conditions me paraissant se rapprocher de celles que je fais connaître pour le Néottia. Les prothalles de ces Lycopodes sont souterrains, sans chlorophylle, largement infestés par des endophytes. Ils existaient en grand nombre dans certaines localités de la forêt de Thuringe où le sol avait été remanié à la suite de travaux forestiers. Dans ces localités, il n'y avait pas de Lycopodes adultes mais seulement des plantules. Il faut admettre que des pieds adultes, portant des spores, avaient

(1) Le mycélium le plus abondant des vieilles tiges et des fruits est différent cependant de celui qui se développe en culture : c'est un mycélium brun avec des anastomoses en boucle entre cellules voisines d'un même filament. Cette forme de mycélium est toute semblable à celle que Chodat et Lendner ont rattaché au Fusarium endophyte du *Listera cordata*. (*Rev. mycolog.* 1898, Pl. CLXXXII, fig. 19).

(2) Bruchmann.— *Die Prothallien und die Keimpflanzen mehrere europäischer Lycopodien*. Gotha, 1898.

été enterrés là et que les spores avaient germé ; mais d'après la date d'exécution des travaux de la forêt, il faudrait conclure dans ce cas que les spores qui germaient avaient été enfouies neuf ans auparavant. Bruchmann n'est pas sans s'étonner de ce fait ; il n'a pas envisagé l'hypothèse où les pieds enfouis auraient continué à végéter sous terre et à produire des spores capables de germer ; cette hypothèse ne me paraît pas invraisemblable, mais, en vérité, je me serais gardé de faire entre ce cas et celui du Néottia un tel rapprochement s'il n'existait pas d'autre part entre les Lycopodiacées et les Orchidées tant de convergences étonnantes.

CHAPITRE III

GERMINATION DES ORCHIDÉES

Bien que j'aie été amené à rapprocher le *Neottia Nidus-avis* des Ophrydées plus étroitement qu'on ne le fait d'ordinaire, il n'est pas moins évident que les modes de développement sont dans ces deux cas assez notablement différents ; mais les différences s'expliquent en grande partie par le seul fait que l'infection, réalisée périodiquement chez les Ophrydées, est constante chez le Néottia ; la conséquence de l'infection paraît dans les deux cas essentiellement la même : un ralentissement considérable de la différenciation des bourgeons concordant avec la formation de réserves. Cette conséquence de l'infection se retrouve sans doute, sous des aspects divers, dans l'étude des autres Orchidées ; j'ai lieu de le croire par ce que j'en sais, mais ne pouvant encore, sur beaucoup de points, donner à ce sujet que des observations par trop fragmentaires, je me limiterai ici à envisager d'une manière générale pour les plantes de cette famille les premiers phénomènes du développement.

Les Orchidées présentent, dans le cours de leur vie, des modes de développement assez variés ; les premiers phénomènes qui suivent la germination montrent au contraire dans cette famille une remarquable uniformité. Les graines toujours minuscules et de constitution très simple comprennent seulement un embryon indifférencié muni ou non d'un suspenseur et un tégument membraneux. A la germination, l'embryon se renfle en un axe embryonnaire ayant le plus souvent une forme « en toupie » comparable à celle que j'ai indiquée pour le Néottia. Cet axe embryonnaire tuberculisé produit d'abord des feuilles rudimentaires en petit nombre et, tardivement, des racines adventives. La différenciation est très lente et, le plus souvent, la formation des réserves précoce. Toujours plusieurs années s'écoulent avant qu'un seul bourgeon achève son évolution en produisant une tige feuillée ou florifère. Après un an les plantules ne dépassent pas en général une taille de quelques millimètres : les horticulteurs qui les obtiennent et les élèvent savent combien est délicat le maniement de ces jeunes plantes qu'il faut isoler à la loupe quand il devient nécessaire de les repiquer dans un sol nouveau.

La tubérisation précoce, l'absence de racine terminale sont deux caractères constants des germinations d'Orchidées. Mon but essentiel sera ici de montrer que l'infection leur est liée constamment et peut les expliquer. Dans un article antérieurement paru dans cette Revue même (1), j'ai donné quelques unes des raisons qui m'ont amené à croire que *les Orchidées ne peuvent pas germer ailleurs que dans des sols infestés.* Je ne reprendrai que sommairement quelques-uns des arguments que j'y ai développés; j'en ajouterai de nouveaux.

§ I. — INFECTION DES JEUNES PLANTULES D'ORCHIDÉES.

Un des points que j'ai antérieurement établis est que, dans tous les cas où des plantules d'Orchidéés ont été étudiées avec soin au point de vue histologique, l'infection ne peut guère être mise en doute, bien qu'elle n'ait le plus souvent pas été explicitement signalée. Il existe des cellules à contenu brun dans les plantules d'*Angraecum maculatum* et de *Miltonia spectabilis*, étudiées par Prillieux (2) aussi bien que dans les plantules d'Ophrydées que décrivent Irmisch et Fabre. Ces cellules brunes, manifestement infestées, sont toujours, dans ces cas divers, localisées du côté de la plantule, où le suspenseur s'attachait. J'ai dit que chez le *Neottia Nidus-avis* l'infection se faisait par le pôle homologue de l'embryon, qui n'a pas de suspenseur différencié et qu'elle précédait tout cloisonnement cellulaire. J'ai eu l'occasion d'étudier des plantules de *Bletia hyacinthina* et d'un hybride du genre *Lælia*, dans les deux cas, j'ai constaté l'infection dès le début de la germination. A ces cas divers on doit ajouter ceux indiqués par Raciborsky (3),

<hr>

(1) Sur quelques germinations difficiles. (*Rev. Gén. de Bot.*, t. *XII*, 1900).

(2) Ed. Prillieux et A. Rivière.— Observations sur la germination et le développement d'une Orchidée (*Angraecum maculatum*). (*Ann. Sc. Nat. Bot., 4ᵐᵉ série*, V., 1856).

Ed. Prillieux.— Observations sur la germination du *Miltonia spectabilis* et de diverses autres Orchidées. (*Ann. Sc. Nat. Bot.*, 4ᵐᵉ série, XIII, 1860).

(3) *Flora*. 1898. LXXXV, pp. 325-55.

qui a expressément signalé la présence d'endophytes dans de jeunes plantules d'Orchidées épiphytes. Je donne ici quelques détails sur les plantules de *Lœlia*, que j'ai étudiées afin de préciser la manière dont se fait tout d'abord l'infection par le suspenseur de l'embryon.

Ces plantules provenaient de graines obtenues par fécondation croisée de *Lœlia cinnabarina* par *Lœlia purpurata* ; le semis avait été fait en mars, j'ai examiné les plantules en octobre, les plus

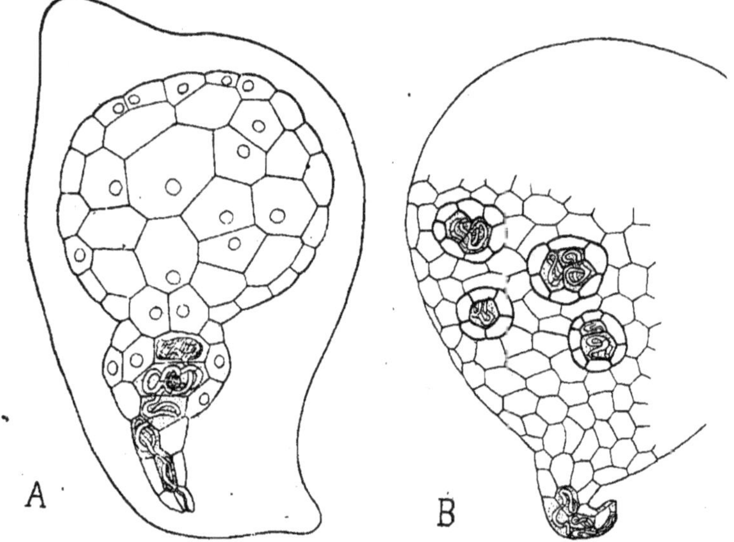

Fig. 14 et 15. — Plantules de *Lœlia*. — A. Coupe optique d'une plantule encore incluse dans le tégument de la graine. — B. Vue d'une partie de la surface d'une plantule plus avancée (grossi 100 fois).

grandes n'atteignaient pas alors un centimètre de long, pour la plupart l'embryon était seulement gonflé et verdi et n'avait pas encore déchiré le tégument de la graine. Ces plantules, les moins avancées, étaient superficiellement entourées de filaments mycéliens formant parfois autour d'elles un réseau assez serré ; ces filaments mycéliens produisaient en certaines places des groupes de spores Fusarium. Après avoir débarrassé l'embryon du tégument de la graine, on peut facilement l'examiner par transparence. On voit ainsi que les filaments mycéliens pénètrent uniquement par le suspenseur et n'envahissent que quelques cellules ; d'après la forme même de ces plantules, il est clair que la croissance s'est faite par le pôle opposé; il se forme une masse renflée de cellules à chlorophylle, souvent séparée de la région infestée, qui ne s'est que peu accrue par un étranglement assez net (fig. 14). Chez les plantules les plus avancées il se produit à la surface, toujours vers le suspenseur, des papilles formées de groupes de cellules formant des proéminences dont la forme générale est celle d'un tronc de pyramide. Ces papilles sont pénétrées par l'endophyte qui ne semble jamais entrer par d'autres points (fig. 15). Souvent, les cellules supérieures de ces papilles s'allongent en poils absorbants qui fixent au sol la jeune plante. Autant qu'il m'a paru, ce fait ne se produit que quand les papilles ne sont pas infestées de bonne heure; quand elles sont infestées, elles doivent garder leur forme primitive. On trouve, en effet, des papilles infestées non allongées en poils sur des plantules plus avancées.

L'axe embryonnaire renflé différencie tardivement un bourgeon portant une ou deux feuilles vertes très petites, mais ayant des stomates nombreux. Ce bourgeon se produit toujours au point de l'embryon opposé au suspenseur. Les plantules les plus avancées que j'ai eues, ayant déjà deux feuilles, n'avaient pas produit encore de racines. Chez ces plantules, la région de l'axe embryonnaire opposée diamétralement au bourgeon, était plus largement infestée; dans de nombreuses cellules, les filaments mycéliens digérés formaient une masse de dégénérescence jaunâtre.

Il importe de remarquer que ces plantules sont moins largement infestées que celles du Néottia ou des Ophrydées. L'infection y est moins facile à reconnaître surtout pour les stades jeunes quand la région infestée est encore de faible étendue et quand il n'y a pas de corps jaunâtres de dégénérescence. *Cependant je n'en ai trouvé aucune, si peu développée qu'elle soit, qui ne fut pénétrée d'endophyte au moins par le suspenseur.* Dans ce cas encore la lenteur de la différenciation est extrême, mais la formation des réserves est moins précoce que chez le Néottia. Seulement chez les plantules ayant de jeunes feuilles on trouve dans l'axe embryonnaire des grains d'amidon.

Le cas du *Bletia hyacinthina* ne diffère en rien d'essentiel de celui de ces plantules de Lœlia. L'infection se fait d'abord par la région du suspenseur et secondairement par la jeune tige couverte de poils que développe le bourgeon terminal. Les plantules sont de bonne heure vertes, l'infection n'est jamais très largement étendue, l'amidon se forme en faible quantité.

Les Orchidées pour lesquelles j'ai indiqué ici la contamination certaine des plantules appartiennent à des tribus variées de la famille ; il est donc entièrement vraisemblable que l'infection précoce ne leur est pas particulière et que c'est au moins une règle ayant quelque généralité pour ce groupe de plantes ; c'est ce qu'on arrive d'autre part forcément à croire par d'autres considérations. De l'étude des plantules je retiens seulement ici que *l'infection paraît se faire toujours dès le début de la germination et par le pôle suspenseur de l'embryon, qu'il y ait ou non un suspenseur différencié.*

§ II Conditions de la germination

Les Orchidées se maintiennent et se propagent dans la nature le plus souvent par des modes variés de multiplication asexuée ; on comprend dans ce cas que les pieds qui dérivent d'une plante mère infestée, continuant à vivre dans le même sol, s'infestent à leur tour. Le fait que ces plantes soient toujours et très tôt infestées est moins aisé à comprendre, si l'on songe aux conditions de la reproduction par graines qui, pour être rare peut-être, a lieu cependant quelquefois.

Les graines d'Orchidées sont parmi les plus légères qui existent et parmi les plus facilement disséminables au loin ; on ne peut guère admettre qu'elles trouvent partout où elles peuvent tomber l'endophyte qui leur convient ; cependant, comme je l'ai dit, la constance de l'infection dans toute la famille est un fait qu'on ne peut plus contester ; malgré les chances que paraît leur donner pour cela la facile dissémination des graines, aucune de ces plantes ne paraît échapper jamais à l'infection. Ce fait s'expliquerait aisément si les graines transportaient l'endophyte, mais il n'en est pas ainsi au moins en général. Je m'en suis assuré en prélevant dans des fruits mûrs des graines que j'ai semées en tubes stériles sur des milieux nutritifs divers convenables au développement des endophytes. Dans les nombreux essais que j'ai poursuivis pendant deux ans (1) je n'ai jamais obtenu ainsi d'endophytes à partir de graines. Souvent les tubes de culture sont restés parfaitement stériles; par·fois j'ai eu le développement de Bactéries ou de Mucédinées, communes, évidemment introduites par accident lors du semis. A l'examen microscopique je n'ai pas' vu non plus de graines infestées. Au reste les tiges aériennes étant dépourvues d'endophytes il est bien invraisemblable en général que les graines puissent être infestées. Si le fait se produit je n'en ai jusqu'ici pas d'exemple certain. Puisque toutes les Orchidées sont infestées, il faut donc admettre soit qu'elles ne germent pas sans endophytes, soit que celles qui germent sans s'infester sont détruites tôt ou tard.

De ces deux hypothèses possibles, la première seule est rendue vraisemblable par le fait bien connu que la germination des Orchidées présente des difficultés considérables et nécessite des conditions particulières. Je m'attacherai à montrer ici que *l'infection du sol est une des conditions nécessaires à la germination des graines;* il me suffira presque pour cela de rappeler les conditions dans lesquelles les horticulteurs ont pu introduire et acclimater les Orchidées dans leurs serres.

Il était de croyance commune, au début du siècle passé, que les graines d'Orchidées étaient incapables de germer. Salisbury annonça pour la première fois, en 1802, qu'il en avait vu germer quelques-unes (2) ; longtemps on n'eut à ce sujet que des observations éparses (3) et, alors que les Orchidées avaient déjà pris une importance horticole considérable, on ne savait encore les obtenir qu'à partir de bulbes ou de rhizomes venus des pays d'origine (4). On les cultiva dès le début dans des serres séparées ; leur culture qui, aujourd'hui, s'est quelque peu vulgarisée, passait alors pour être

(1) Ces essais ont porté sur les graines des espèces suivantes : *Cattleya labiata, Bletia hyacinthina. Oncidium ornithorynchum, Cypripedium insigne, Ophrys. arachnites, O. aranifera, Neottia Nidus-avis, Epipactis latifolia, Epipactis palustris.* Les graines ont été prélevées dans des fruits mûrs, ouverts avec quelques précautions, et transportées au moyen d'un fil de platine dans des tubes de culture, la manipulation n'a donc pu les altérer en rien.

(2) *Trans. Linn. Societ.* VII.

(3) Cf. Du Petit-Thouars. — *Histoire particulière des plantes Orchidées recueillies sur les trois îles australes d'Afrique.* Paris, 1822.

(4) C'est à partir de 1820 que l'importation des Orchidées vivantes prit de l'extension, en Angleterre d'abord, puis sur le continent, où il y eut, à partir de 1830, des collections spéciales cultivées à part.

d'une grande difficulté ; il n'était pas même en question à cette époque d'obtenir ces plantes par semis ; faire refleurir quelques années un pied importé directement était toute l'ambition des horticulteurs.

Ce mode d'introduction des Orchidées en Europe est ici à retenir ; à propos de la Pomme de terre, j'en retrouverai l'équivalent. En introduisant les Orchidées elles-mêmes, et non leurs graines, on introduit en même temps les endophytes qu'elles hébergent. Les efforts des horticulteurs, la précaution qu'ils ont prise de n'employer pour la culture que des humus spéciaux, ont abouti autant à acclimater dans leurs serres les endophytes d'Orchidées que les Orchidées elles-mêmes. Quand Wahrlich examina toutes les Orchidées d'une serre de Moscou, il les trouva toutes infestées, autant qu'il trouvait infestées les plantes récoltées dans la nature.

Le fait remarquable qui s'est produit est que la germination des graines qui passait pour presque impossible et devenue praticable depuis que les Orchidées sont acclimatées avec leurs endophytes. Plus d'un horticulteur fait germer aujourd'hui, presque à coup sûr, les graines qu'il récolte, et depuis plus de vingt ans, on obtient des plantes hybrides par semis. La méthode que les horticulteurs emploient le plus communément consiste à semer les graines sur la surface garnie de sphagnum des pots ou des paniers dans lesquels vit la plante adulte qui les a produites. Les racines de cette plante adulte, disent communément les horticulteurs, *assainissent* le compost et rendent possible la germination. Souvent, les graines qui germent les premières et le mieux sont celles qui ont été semées sur les racines mêmes qui rampent à la surface du pot ; à l'époque où furent faites les premières tentatives pour obtenir des germinations, on avait recommandé même de ne faire de semis que sur ces racines, mais on n'a pas tardé à reconnaître que ce point n'a pas d'importance spéciale et que la germination peut se produire en d'autres points du pot.

Si l'on se rappelle maintenant que les racines sont infestées et que les endophytes qu'elles renferment peuvent vivre librement, en saprophytes, dans le sol, il me paraît qu'on est en droit de conclure que *ce procédé revient à semer les graines d'une espèce dans un sol où vivent ses endophytes.* Ce n'est pas en *assainissant* le sol que ces racines interviennent, mais en l'*infestant*.

Je dois dire que les horticulteurs, à qui j'ai fait connaître cette interprétation de leur procédé, l'ont accueillie avec scepticisme, mais la seule objection sérieuse qu'ils m'aient faite s'appuie sur ce que : l'on peut parfois avoir des germinations en pots séparés sur de la sciure de bois et d'autres milieux qui bien vraisemblablement ne sont pas infestés des endophytes qu'il faudrait. Cela est vrai, bien que l'expérience réussise dans ces conditions d'une façon très irrégulière. Mais il faut remarquer que l'expérience se fait toujours dans une serre où l'on cultive à peu près uniquement des Orchidées et où par suite les causes de contamination sont nombreuses. Au reste, les graines de Lœlia dont j'ai décrit la germination, avaient été semées sur sciure de bois, elles étaient infestées. J'ai semé sur sciure de bois, dans des pots séparés, des graines d'une vingtaine d'espèces. J'ai eu une seule fois des germinations (pour le *Bletia hyacinthina*) et dans ce cas encore, d'où que soit venu l'endophyte, les plantules étaient infestées par un Fusarium.

C'est d'ailleurs par l'insuccès constant des tentatives que j'ai faites moi-même pour obtenir des Orchidées sans endophytes par semis que j'ai été amené à croire que les endophytes étaient nécessaires à la germination. Pour un grand nombre de plantes, il n'est pas très difficile d'obtenir des germinations en milieu stérile à partir de graines extérieurement aseptisées. En tubes stériles, j'ai obtenu à de nombreuses reprises des germinations de graines de Pomme de terre, d'Ognon ou de diverses plantes. Pour les Orchidées, je n'ai jamais réussi ; les graines prélevées aseptiquement dans des fruits mûrs, sans qu'aucun traitement ait pu les endommager et semées en tubes stérilisés sur des milieux divers (sciure de bois, tourbe, carotte, etc.) demeurent des mois entiers sans altération apparente, mais sans que le moindre changement se produise. Dans le seul cas du *Bletia hyacinthina*, la vie des graines ainsi semées, s'est manifestée ; je donnerai ici quelques détails sur ce cas seulement.

Les graines m'avaient été envoyés de Rome encore incluses dans des fruits qui venaient d'être récoltés (novembre 1900). J'ai prélevé, dans les fruits ouverts avec précautions, une partie des graines que j'ai semées, avec un fil de platine flambé, dans des tubes de culture stérilisés, sur carotte ; j'ai fait semer le reste des graines sur sciure de bois dans une serre à Orchidées. Un mois après le semis, la plupart des graines de ce second lot germaient en donnant de petites plantules vertes qui étaient infestées par un Fusarium que j'ai isolé et gardé en culture.

Les tubes où se trouvaient les graines du premier lot sont en majorité restés parfaitement stériles, longtemps, les graines examinées à la loupe n'y ont montré aucun changement. C'est seulement cinq mois après le semis (mai 1901) que je pus constater une modification de la plupart d'entres elles : les embryons, sans changer de forme, s'étaient légèrement gonflés, ils avaient pris une couleur d'un blanc de lait qui les rendait sur le milieu de culture immédiatement visibles. J'ai pris quelques unes de ces graines pour les examiner en les comparant à des graines mises dans l'alcool lors de l'envoi; l'augmentation de longueur de leur embryon ne dépassait pas 1/4 de la longueur totale, le gonflement de l'embryon était dû, non à une multiplication cellulaire, mais au gonflement presque égal de toutes les cellules qui s'étaient remplies d'amidon. Les graines prises dans les fruits ne contenant pas trace d'amidon, il faut admettre que ces jeunes embryons ont pu absorber des sucres du milieu de culture et les mettre ainsi en réserve. J'ai semé dans de nouveaux tubes de culture les graines en cet état, soit de nouveau sur carotte, soit sur tourbe imbibée de diverses solutions nutritives soit sur sciure de bois ; elles n'ont montré aucun changement nouveau et seulement à la fin de juillet elles ont commencé à brunir en se desséchant. Telle est la seule modification de graines d'Orchidées que j'ai pu observer en milieu stérile, les autres graines dont j'ai fait des semis (j'en ai donné plus haut la liste) ne se sont en rien modifiées.

J'ai eu ainsi pour le *Bletia hyacinthina* des graines de même origine dont les unes infestées germaient, et dont les autres en milieu aseptique pouvaient absorber des aliments mais ne les assimilaient pas, et ne montraient aucune trace de différenciation.

Cette expérience aurait en elle-même une valeur décisive. Si les conditions où se trouvaient les deux lots de graines avaient été exactement comparables; bien qu'il n'en soit pas ainsi, elle donne à ce qu'il me semble une indication qui n'est pas sans valeur. J'ai tenté à de nombreuses reprises soit pour ces grains de *Bletia*, soit pour d'autres d'obtenir des germinations en tubes stériles avec le Fusarium endophyte des plantes correspondantes comme seul microorganisme. Je n'y ai pas réussi ; en culture pure, même sur des milieux nutritifs pauvres (tourbe, sciure de bois) le champignon prend un développement considérable ; il pénètre bien dans les cellules de l'embryon, mais celui-ci meurt sans modifications appréciables ; il faut retenir que le développement étant toujours très lent, ce n'est qu'après un mois au moins que la germination pourrait sûrement se constater et il faut ajouter encore que dans des cas comme celui du *Neottia Nidus-avis* où les jeunes plantules ne verdissent pas, il faudrait leur assurer un milieu nutritif convenable sans provoquer un développement trop abondant du champignon. Les difficultés secondaires qui se présentent pour réaliser une expérience comparative parfaite sont suffisantes pour en expliquer l'échec.

Il y a au début de la vie comme à tout autre moment bien plutôt une lutte entre le champignon et la plante qu'une symbiose harmonieuse. La plante peut réagir à l'infection en se développant, mais souvent aussi elle succombe et le champignon la détruit. Même dans le cas où les horticulteurs réalisent l'infection par la méthode que j'ai dite, la germination ne peut être obtenue sans des soins attentifs qu'une longue pratique leur a suggérés et qui peut-être font intervenir d'autres conditions que j'ignore.

Si je ne puis pas, en un mot, établir qu'en dehors des conditions connues de température, humidité et aération, l'infection est *la seule* condition nécessaire à la germination des Orchidées, je ne pense pas au moins dépasser la portée des faits que j'ai rapportés ici en affirmant que *l'infection est une des conditions constantes et nécessaires de la germination de ces plantes.*

La nécessité d'une telle condition peut servir à comprendre pourquoi les Orchidées qui produisent des graines en nombre immense restent dans la nature des plantes relativement rares. Un seul pied d'*Orchis maculata* peut porter plus de 6000 graines, certaines Orchidées exotiques en ont plus d'un million par capsule et il y a jusqu'à 12 capsules par pied. Si toutes ces graines se développaient, la descendance d'un Orchis suffirait, en trois générations, à recouvrir d'un tapis vert uniforme toute la surface des terres : « on ignore, dit Darwin, à qui j'emprunte ces données, comment une aussi effrayante progression est arrêtée ». D'après ce qu'il dit ensuite, Darwin paraît pourtant porté à croire que les Orchidées ne sont pas convenablement protégées contre les dangers qui les menacent dans la lutte pour la vie et que les jeunes plantes peuvent être détruites en grand nombre. Je ne pense pas qu'il en soit ainsi, les jeunes plantules dans la nature sont manifestement rares, on cherche en vain une cause de destruction capable d'en faire disparaître un si grand nombre ; ce qui est entièrement vraisemblable est qu'un nombre immense de graines ne germent pas parce que, disséminées au hasard, elles ne rencontrent pas le sol infesté par l'espèce de Champignon dont la présence est nécessaire pour leur germination.

Il y a ici un cas entièrement comparable à celui que présentent un grand nombre d'animaux ou de plantes parasites qui produisent un nombre presque infini d'œufs ou de graines dont la plupart sont perdus parce que le développement ne peut se faire que dans des conditions étroitement déterminées. *L'infection du sol, qui est une condition constante de la vie des Orchidées adultes, est aussi une condition sans laquelle l'embryon de ces plantes ne peut pas dépasser l'état de développement qu'il a atteint dans la graine.*

§ III. — RAPPORTS ENTRE L'INFECTION PRÉCOCE ET LES CARACTÈRES DES PLANTULES.

Les plantules d'Orchidées présentent, comme j'ai dit, au début de leur développement, deux particularités essentielles : la tubérisation marquée par la lenteur de la différenciation et de la croissance concordant souvent avec l'accumulation précoce de réserves et l'absence de racine terminale.

Je note ici la concordance de la tubérisation avec l'infection comme un exemple nouveau du rapport constant qui existe entre ces deux faits. L'absence de racine terminale s'explique, d'autre part, d'une manière très simple par le fait que l'infection de l'embryon se fasse par le suspenseur : c'est à l'ordinaire au pôle suspenseur de l'embryon que la racine primaire se différencie chez les végétaux ; ici, ce pôle est infesté, et d'après une règle qui est générale, les cellules pénétrées d'endophyte qui s'y trouvent, ne croissent ni ne se différencient ; l'embryon prend une forme « en toupie », il ne forme pas de racine terminale. Comme le dit fort justement Prillieux pour l'*Angræcum maculatum* : « on dirait que la région inférieure de l'embryon, qui est la plus âgée et qui ne prend aucun accroissement, commence déjà à se décomposer, tandis que sa partie supérieure continue encore de croître » (1). J'ajoute seulement ici que c'est à l'infection qu'est due la mort des cellules du pôle suspenseur.

Les deux caractères aberrants des plantules d'Orchidées (tubérisation immédiate et absence de racine terminale) ne se retrouvent pas dans le développement de l'embryon homogène de la Ficaire, qui ne s'infeste que tardivement ; au contraire, ces deux mêmes caractères se retrouvent chez les Lycopodes et, là encore, coïncident avec une infection précoce (2). Par là, il paraît que l'infection est bien la condition déterminante de ces caractères.

La convergence entre les Lycopodiacées et des Orchidées est certainement un des faits qui peuvent donner le plus solide appui à cette manière de voir. Les spores de Lycopodes s'infestent dès le début de leur développement, elles donnent des prothalles tuberculeux dans la masse parenchymateuse desquels se forment d'abondantes réserves. Les plantules sont aussi infestées de bonne heure, elles dérivent d'un *tubercule embryonnaire*, ont une différenciation très lente, ne portent pas de racine terminale. D'une part il existe dans ce cas entre les prothalles et les plantules une ressemblance que Treub a justement remarquée, ressemblance qu'on n'est pas habitué à trouver entre la génération asexuée et la génération sexuée des Cryptogames vasculaires. D'autre part les jeunes prothalles ou les jeunes plantules de Lycopodes présentent avec les plantules d'Orchidées des analogies dont on ne pourra manquer d'être frappé si l'on compare par exemple aux prothalles de Lycopodes figurées par Bruchmann les plantules de *Neottia Nidus-avis* que je fais connaître ou encore les plantules d'*Angræcum maculatum* étudiées par Prillieux. Il ne saurait s'agir ici de ressemblance phylogénétiques, l'infection seule paraît pouvoir expliquer la convergence de ces cas.

(1) Loc. cit., p. 112.

(2) Dans l'article que j'ai antérieurement consacré à la germination des Orchidées (loc. cit.), j'ai montré qu'on avait trouvé pour faire germer des spores de Lycopodes, les mêmes difficultés que pour faire germer des graines d'Orchidées. C'est un point sur lequel je ne reviens pas ici. Dans un livre récent (*Organographie der Pflanzen* II, Jena, 1900), Gœbel indique l'infection précoce des Lycopodes comme une règle constante qui peut expliquer les caractères singuliers des prothalles.

J'ajouterai ici quelques remarques afin d'établir que c'est bien l'infection qui est la cause des caractères singuliers des plantules et non un mode particulier d'absorption des aliments concordant avec elle, en un mot qu'ici le saprophytisme n'est pas en cause à moins que, comme on est amené peu à peu à le faire, on ne prenne improprement le terme de plante saprophyte pour synonyme du terme de plante infestée.

Il existe chez les Orchidées deux types de plantules : les unes (Néottia, Ophrydées) sans chlorophylle, souterraines, tirant manifestement tout leur aliment de l'humus ; les autres (*Lælia, Bletia, Miltonia*) vertes de bonne heure, se développent à la lumière sur des milieux divers, paraissant se nourrir à la manière ordinaire des plantes vertes. Les unes comme les autres sont infestées ; les premières le sont plus largement, la tubérisation y est plus marquée, la formation de réserves plus précoce ; chez les secondes l'infection est moins étendue, la formation de réserves est plus tardive mais il n'y a en somme entre les deux cas rien d'essentiellement différent, *si ce n'est justement que le mode de nutrition au début de la vie paraît différer.* Il n'est pas impossible que les plantules du second type absorbent directement au sol une partie importante de leur aliment ; c'est une question à laquelle il n'est provisoirement pas facile de répondre, mais en tous cas rien ne porte à croire que les champignons interviennent pour cela, le cas des graines de *Bletia hyacinthina* qui en semis stérile absorbent du sucre pour en faire de l'amidon, apporte à ce qu'il me paraît une preuve nouvelle du contraire.

Les prothalles et les plantules de Lycopodes se rattachent comme les plantules d'Orchidées à deux types différents dont le mode de nutrition ne paraît pas le même. Les prothalles étudiés par Bruchmann sont tuberculeux souterrains, évidemment holosaprophytes, largement infestés. Les prothalles du *Lycopodium cernuum* étudiés par Treub sont aériens, de bonne heure verts infestés toujours mais d'une façon beaucoup moindre. Les plantules de la même espèce sont vertes aussi de bonne heure, elles dérivent d'un tubercule embryonnaire infesté, produisent plusieurs feuilles avant d'avoir des racines. Ces racines sont au reste adventives et toujours la racine principale manque. Treub, qui a parfaitement indiqué l'analogie remarquable qu'il y a entre ces plantules de *L. cernuum* et les plantules d'Orchidées, a été empêché d'en voir la portée justement parce qu'il recherchait dans le « saprophytisme » et non dans l'infection, qu'il avait constatée la cause possible d'une telle dégradation orga-. nique. « Le *L. cernuum*, dit-il, n'est pas plus saprophyte que plante aquatique... il fuit plutôt les terrains riches en humus que de les préférer ; il croît souvent sur un sol très stérile. Aussi tant la plantule que le prothalle contiennent-ils beaucoup de chlorophylle. » (1). Ce n'est pas en effet, à ce que je crois, dans un mode commun d'absorption des aliments qu'il faut chercher la cause de la convergence entre ces divers cas ; pour le moment au moins la présence de champignons endophytes est la seule particularité qui paraisse leur être commune.

Les faits que j'ai réunis jusqu'ici concourent à prouver que les phénomènes de tubérisation que normalement les Orchidées présentent sont des symptômes de l'infection normale de ces plantes par des Fusarium endophytes.

(1) *Annales de Buitenzorg*, T. 8, p. 26.

CHAPITRE IV

ÉTUDE DE LA POMME DE TERRE

J'ai été amené à l'étude de la Pomme de terre, comme à celle de la Ficaire, par l'étude des Ophrydées. Mon but essentiel sera ici de montrer que le mode de végétation de cette plante est entièrement comparable à celui des Ophrydées et qu'on trouve dans ce cas nouveau une infection normale de même type. La possibilité d'une telle comparaison m'amène à faire l'hypothèse que l'*infection est une condition nécessaire à la formation des tubercules*. Cette hypothèse m'a été surtout suggérée par des arguments de Biologie comparée, les expériences que j'ai faites jusqu'ici concordent avec elle et elle me paraît d'autre part, grouper et coordonner d'une façon satisfaisante plusieurs faits antérieurement connus qui ne sont pas, pour le moment, coordonnés d'une autre manière. Ces raisons seulement m'engagent à oser, dès à présent, aborder une question dont la complexité m'est connue et que je n'espère résoudre définitivement que par des expériences plus précises que celles que je rapporterai. La réalisation de semblables expériences offre de grandes difficultés que je n'espère surmonter qu'avec le temps. Je crois au moins ne pas faire une œuvre inutile en abordant à un point de vue nouveau l'étude d'une plante dont il nous importe particulièrement de bien connaître la vie.

§ I. — Mode de végétation.

La durée de la végétation est assez largement variable pour les diverses variétés de Pomme de terre, le mode général en est le même pour toutes. Je prendrai ici pour exemple le développement à partir des tubercules d'une variété hâtive, souvent cultivée pour l'obtention des tubercules de primeur, la variété « Marjolin ». Les faits que je veux mettre en évidence s'y présentent avec leur maximum de netteté.

On peut distinguer dans la végétation deux périodes successives comparables aux périodes que j'ai distinguées pour le développement d'une Ophrydée venue de tubercule : une *période de différenciation* et une *période de tubérisation*.

Période de différenciation. — Les tubercules récoltés pour la plantation ont une période de repos de quelques mois après laquelle la végétation reprend. Déjà dans les celliers aérés et éclairés où l'on garde ces tubercules sur des claies, leurs bourgeons se développent et se différencient, ils donnent des tiges renflées, longues de deux à trois centimètres ; les cultivateurs ont grand soin de laisser ce premier développement des bourgeons se faire normalement : la culture ne réussit bien que si l'on plante ces « tubercules germés » ; la plantation peut se faire en pleine terre au début d'avril. Pendant une période de trente à quarante jours après la plantation, la différenciation des bourgeons est à son maximum d'activité. Les tiges aériennes se développent, s'accroissent, donnent des feuilles nombreuses, et parfois des bourgeons floraux distincts. Des bourgeons de second ordre nés sur les tiges dans leur partie inférieure souterraine, évoluent en donnant des stolons grêles qui peuvent quelquefois se redresser et sortir du sol en donnant des rameaux feuillés. De ces stolons et de la base des tiges principales sortent des racines grêles, abondamment ramifiées, qui s'étendent au loin dans le sol. Jusqu'ici il y a eu différenciation active et régulière, l'aliment qui arrive à tous les bourgeons de la plante étant rapidement assimilé.

Période de tubérisation. — Un changement assez brusque se produit dans le cours de mai. Les bourgeons terminaux des jeunes stolons souterrains cessent de se différencier en tiges ; ils s'hypertrophient et forment des tubercules où est mis en réserve la plus grande partie de l'aliment qui afflue vers eux. La tuberculisation commence en même temps pour un nombre variable de jeunes bourgeons. Les bourgeons aériens, déjà hautement différenciés, sont à cette époque presque complètement arrêtés dans leur développement ; ils déploient encore les feuilles qu'ils avaient formées et l'appareil aérien de s'accroît plus notablement ensuite. Il commencera à se faner dès la fin de juin. Cet arrêt de développement des bourgeons aériens se remarque d'une façon très nette par l'étude des bourgeons floraux. Quand ceux-ci ne sont pas apparus au moment où la tuberculisation commence, il ne s'en forme pas par la suite. Le plus souvent s'il en existe ils se fanent et tombent sans même s'épanouir ; rarement il y a des fleurs, presque jamais la plante n'arrive à produire de fruits.

L'analogie de ce cas avec celui des Oparydées est assez claire pour que je n'y insiste pas. Les tubercules de Pomme de terre sont non des racines, mais de courtes tiges renflées à structure primaire, à parenchyme cortical et médullaire amylacé ; cette différence morphologique m'importe peu : dans les deux cas *les tubercules dérivent de bourgeons qui n'assimilent plus d'aliment qu'en faible quantité, font des réserves et cessent de se différencier en rameaux.*

Les deux périodes que je distingue sont caractérisées par deux modes d'évolution différents des jeunes bourgeons de la plante. Ici encore *ce fait doit être attribué non à un changement d'état de certains bourgeons, mais à une modification générale de l'état de la plante dont la tuberculisation des bourgeons est le symptôme essentiel.* Si au début de la première période on coupe le bourgeon principal, des bourgeons axillaires des feuilles de sa base se développent en rameaux feuillés. Au contraire si pendant la seconde période on coupe les jeunes tubercules, d'autres bourgeons de la base de la tige se développent en tubercules nouveaux. Tous les jeunes bourgeons dans la seconde période peuvent évoluer en tubercules et cela arrive, bien que plus rarement, pour les jeunes bourgeons de l'appareil aérien de la plante comme pour les bourgeons souterrains.

Chez les Ophrydées, une modification générale entièrement analogue se produit après l'infection des racines par un Fusarium ; j'ai recherché s'il y avait aussi chez la Pomme de terre une infection normale des racines précédant la tuberculisation. J'indique maintenant comment se poursuit à ce point de vue la comparaison entre les deux cas.

§ II. — Infection normale des racines de Pomme de terre

Les faits que pour les Ophrydées j'ai eu à mettre en évidence et à utiliser sont les suivants :

1° Il y a infection normale des racines par un Fusarium endophyte.

2° Les tubercules sont indemnes d'infection.

3° Il y a concordance de date entre la première infection des racines et le début de la tubérisation.

C'est successivement pour ces trois ordres de faits que je chercherai à établir une comparaison entre la Pomme de terre et les Ophrydées.

1° *Infection des racines.* — Je me suis procuré au mois de Juillet des pieds entiers de Pomme de terre portant de jeunes tubercules ; ces plantes provenaient de localités diverses et appartenaient à différentes variétés. Des racines de ces pieds ont été lavées à l'eau stérile puis abandonnées soit en boîtes de Pétri stérilisées, à l'humidité, soit dans des tubes stériles bouchés au coton sur des morceaux de tourbe humide. A partir des racines de tous ces pieds (l'expérience a été faite pour 6) j'ai obtenu ainsi le développement d'un Fusarium présentant avec les endophytes d'Orchidées et de Ficaire la plus grande analogie (fig. 1, 2, 3, page 14). Je dirai de suite que ce Fusarium ne paraît pas différer du *Fusarium Solani* qui est depuis longtemps connu comme contribuant à la pourriture des tubercules atteints de maladies diverses.

D'autre part les racines se montrent à l'examen microscopique pénétrées de mycélium dans leurs cellules corticales. Je m'en suis rendu compte en traitant comme j'ai dit des radicelles par l'hydrate de chloral combiné au bleu d'aniline et les examinant par transparence. L'infection est beaucoup plus comparable à celle de la Ficaire qu'à celle des Ophrydées. Les cellules corticales qui sont infestées sont irrégulièrement réparties dans l'écorce, elles ne forment pas de zone continue, elles

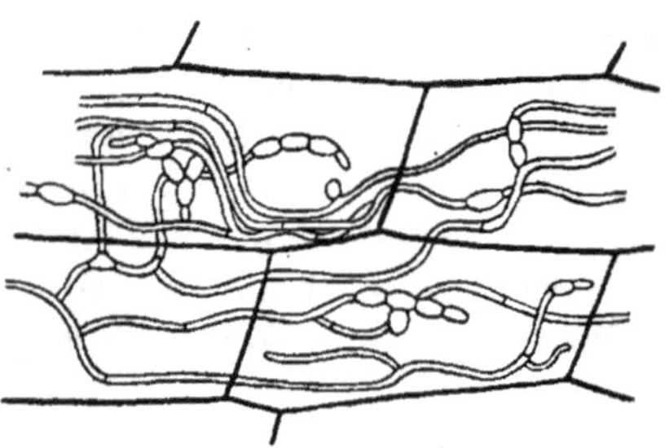

Fig. 16. — Début de l'infection dans les cellules corticales moyennes d'une radicelle de Pomme de terre ; grossi 340 fois.

sont plus abondantes en certains points des radicelles qu'en d'autres ; certaines radicelles en sont dépourvues. Les hyphes qui pénètrent dans les cellules se ramifient et peuvent former des pelotons très serrés. Souvent ils présentent des renflements en ampoules irrégulièrement disposés en chapelet (fig. 16). Je n'ai pas vu dans ce cas de masses de dégénérescence. Par le seul examen de radicelles isolées, l'infection paraît en ce cas beaucoup moins importante que chez les Ophrydées ; mais si l'on tient compte du nombre considérable des radicelles de Pomme de terre et de leur grand développement, on arrive à conclure que dans ce cas le développement total de l'endophyte dans la plante est sans doute plus important que dans celui des Ophrydées, dont les racines charnues, courtes et simples, sont infestées en chaque point d'une façon plus régulière et plus apparente.

Ainsi, pour les pieds que j'ai étudiés, il y a bien infection des racines pendant la période de tubérisation, et, ici comme chez la Ficaire, l'endophyte est un champignon manifestement très voisin des endophytes d'Orchidées. La recherche de l'infection par les méthodes que j'ai dites est assez délicate et longue pour que je n'aie pas pu espérer établir simplement par une statistique beaucoup plus étendue que cette infection est *normale*. A priori, il peut y avoir sur ce point, dans le cas de la Pomme de terre, plus de doute que dans tout autre : il s'agit d'une plante cultivée, qu'on change sans cesse de sol ; on ne peut guère admettre que tous les sols dans lesquels on la cultive sont infestés d'un même champignon. Ce qui me porte à croire que l'infection est normale, c'est que : *le Fusarium endophyte des racines existe normalement à la surface des tubercules sains ; il est transporté par ceux qui servent à la plantation et contamine le terrain où se fait la culture.* C'est ce que j'ai déduit des expériences qui suivent.

Des tubercules de diverses variétés (Marjolin, Richter imperator, Négresse, Saucisse), ont été lavés assez longuement à l'eau courante pour bien mouiller leur surface, et traités pendant quelques minutes par le sublimé à 1/100 pour détruire les germes superficiels accidentels. Après plusieurs lavages à l'eau stérilisée, ces tubercules ont été abandonnés dans des tubes stériles bouchés au coton, à l'humidité ; souvent, j'ai dû opérer ainsi sur des moitiés de tubercules ou sur des fragments superficiels. Après quelques jours, du mycélium se développe en certains points de la surface des tubercules ainsi traités, formant des îlots isolés les uns des autres ; le mycélium prélevé en ces divers points est reporté dans des tubes ordinaires de culture sur Pomme de terre stérilisée où il continue à se développer. J'ai opéré sur 70 tubercules ou fragments de tubercules dont j'ai fait ainsi la flore mycologique. Les champignons obtenus appartiennent presque exclusivement à deux formes connues : le *Fusarium Solani* et le *Spicaria Solani*. Rarement j'ai obtenu d'autres Mucédinées qui pouvaient être considérées comme des impuretés. Le Fusarium et le Spicaria s'obtiennent à partir de presque tous les tubercules. Pour une dizaine des fragments de tubercules traités, je n'ai isolé que le Spicaria des cultures, sans avoir pu trouver de Fusarium ; à ne considérer que ce résultat brut, il y aurait à conclure que le *Fusarium Solani* existe sur les tubercules dans 6 cas sur 7 ; mais comme d'une part je n'ai opéré souvent que sur des fragments de tubercules, et que d'autre part le traitement préalable au sublimé a pu détruire le Fusarium dans quelques cas, il est entièrement vraisemblable que sa présence sur les tubercules est d'une fréquence plus grande encore.

L'extrême fréquence du *Fusarium Solani* sur les tubercules sains explique la présence presque constante de ce champignon dans les cas de maladies des tubercules. Régulièrement il contribue à la destruction des tubercules atteints de pourriture sèche ou humide ; il se comporte alors comme un parasite banal, et se développe sur les tubercules avariés, sans paraître être le parasite spécifique d'aucune de leurs maladies.

Ce Fusarium vit facilement en saprophyte sur des milieux de culture très divers. Je l'ai cultivé dans de larges tubes contenant du fumier de ferme stérilisé ; il contamine ce fumier rapidement et dans toute la masse. Il est ici à remarquer que, fréquemment, pour la culture des Pommes de terre on utilise le fumier en le répartissant par portions égales autour de chaque tubercule semence. Cette méthode que recommandait déjà Parmentier (1), est évidemment très favorable à la propagation du mycélium apporté par le tubercule. Mais il me paraît évident, quelque méthode qu'on emploie, que lorsqu'on plante de Pommes de terre un champ convenablement fumé, le *Fusarium Solani* s'y trouve ensemencé assez largement pour que l'infection des racines puisse régulièrement se produire.

(1) *Traité sur la culture et les usages des Pommes de terre, de la Patate et du Topinambour* (Paris, 1789).

Les raisons que je viens de dire m'amènent à penser que pour les Pommes de terre l'infection des racines par le *Fusarium Solani* est un fait aussi fréquent que la production de tubercules (1).

2° *Non infection du parenchyme des tubercules.* — Les tubercules qui transportent le *Fusarium Solani* paraissent cependant être indemnes d'infection tout autant que les tubercules d'Ophrydées. Si l'on prélève aseptiquement des fragments de parenchyme vivant et qu'on les abandonne dans des tubes stériles à l'humidité, aucun développement de Fusarium ne s'y constate en général; or si l'on ensemence sur ces fragments vivants et stériles de tubercules des spores de *Fusarium Solani*, ce champignon s'y développe, bien que mal et pauvrement. *Il n'existe donc pas normalement dans le parenchyme des tubercules, qui paraît un milieu aseptique.* J'ai ainsi gardés aseptiques pendant plusieurs mois des fragments importants de parenchyme de Pommes de terre nouvelles ; en opérant sur des tubercules gardés en cave depuis plus d'un an, je n'ai eu que rare-

(1) Je rappelle ici ce que j'ai dit, dans l'introduction de ce travail, sur la difficulté qu'il y a d'homologuer ou de différencier d'après leurs formes imparfaites les Fusarium endophytes. Ici, aussi bien par l'examen macroscopique des cultures que par l'examen microscopique, je n'ai pas vu de différence essentielle à établir entre les Fusarium obtenus de tubercules et ceux qui proviennent de racines. Cependant les différences d'ordre secondaire, telles que celles de pigmentation, rendent assez vraisemblable qu'il existe au moins des races diverses du *Fusarium Solani*. On remarquera dans les expériences que je rapporterai plus loin que j'ai obtenu des variations de rendement aussi bien avec les Fusarium venant de tubercules qu'avec ceux extraits de racines.

Sans aborder, pour le moment, les nombreuses questions mycologiques qui se posent ici, je dirai seulement un mot du *Spicaria Solani*. Cette forme imparfaite se développe sur les tubercules traités comme j'ai dit et apparaît dans les maladies presque aussi fréquemment que le *Fusarium Solani*. Il s'agit là de deux formes, faciles à distinguer pratiquement, mais que d'après leurs caractères morphologiques on peut juger être proches parentes. Ces deux formes se maintiennent en culture sans passer de l'une à l'autre. D'après Reinke et Berthold (*Die Zersetzung der Kartoffel durch Pilze*, Berlin 1879), le *Fusarium Solani* est une forme imparfaite d'un *Hypomyces*, le *Spicaria Solani*, une forme imparfaite d'un *Nectria*. Ces deux formes ascosporées, bien que voisines, sont distinctes. A partir de racines, j'ai obtenu une seule fois un Spicaria, cette forme ne doit donc pas appartenir à l'endophyte normal. Une expérience que j'ai faite, sur le type de celles que je donne plus loin, en contaminant largement le sol avec le *Spicaria Solani*, ne m'a montré aucune augmentation de précocité comparable à celle que l'infection par le *Fusarium Solani* produit.

ment un développement de Fusarium (1). Dans un but différent du mien, Matruchot et Molliard (2) ont ainsi préparé des tubes de culture avec du parenchyme vivant de Pomme de terre, qui restait aseptique.

Je pense que, pendant la période de repos des tubercules, le *Fusarium Solani* reste enkysté à l'état de filaments ou de spores dans les assises subéreuses externes, formées de cellules mortes ou pleines d'air. Dans ces assises de cellules on voit assez fréquemment des filaments mycéliens bruns qui sont sans doute une forme de repos du Fusarium (3). Cette localisation expliquerait au moins que le champignon résistât aux lavages par le sublimé, l'antiseptique ne pénétrant pas les cellules subéreuses gonflées d'air.

Quoi qu'il en puisse être, la présence du Fusarium sur les tuber-cules est certaine, et il ne pénètre pas normalement leur masse, ce qui m'amène à la conclusion que, *dans ce cas comme dans celui des Ophrydées, les tubercules sont, physiologiquement, indemnes.*

Dans ce cas comme dans celui des Ophrydés, j'attache une grande importance à ce fait. Il a pour conséquence que, au moins au début de la période de différenciation, quand les bourgeons s'ac-croissent aux dépens des réserves du tubercule, la plante qui n'a pas encore de racines n'est infestée, au point de vue physiologique, en aucune de ses parties.

3° *Rapport entre la date de l'infection et celle de la tubérisation.* — Chez les Ophrydées l'infection se produit aussitôt après la sortie des racines, elle est facilement constatable, de suite le jeune tubercule commence à se former ; il y a un rapport précis et facilement appréciable entre la date de l'infection et celle de la tubérisation.

(1) Je me suis servi de tubes de verre ouverts aux deux bouts, flambés au four, dont une des extrémités à laquelle on a conservé un calibre moindre qu'à l'autre peut servir directement d'emporte-pièce pour détacher un petit cylindre de paren-chyme dans un tuberculte fendu. On ferme à la lampe ensuite cette extrémité, l'autre reste bouchée au coton, on introduit de l'eau stérile avec une pipette flambée.

(2) Sur la culture pure du *Phytophtora infestans*, agent de la maladie de la Pomme de terre (*Bull. Soc. mycol. t. XVI*).

(3) Un champignon appelé par Kühn *Rhizoctonia Solani* forme souvent à la surface des tubercules des sclérotes brunâtres. En culture sur carotte ou pomme de terre il se développe mais reste stérile et forme des sclérotes nouveaux. Il ne paraît donc pas être une forme de repos du *Fusarium Solani*. Les filaments bruns irrégulièrement contournés de ce champignon se distinguent des filaments réguliè-rement cylindriques que j'ai observés plusieurs fois et dont je parle ici.

Ce rapport, dans le cas de la Pomme de terre, est moins facile à apprécier.

D'après ce que j'ai dit jusqu'ici, il n'y a pas infection de la plante au début de la période de différenciation, il y a normalement infection au cours de la période de tubérisation, mais on ne peut guère fixer une date précise d'infection surtout à cause de difficultés matérielles, je ferai seulement quelques remarques à ce sujet.

Les racines des Ophrydées restent simples et courtes, elles s'éloignent peu du tubercule, leur développement est très lent, l'infection atteint très régulièrement les assises moyennes de l'écorce. Les racines de Pomme de terre sont très longues, grêles, abondamment ramifiées, leur développement est très rapide, elles croissent dans le sol en tous sens en s'éloignant du tubercule semence ; l'infection y est bien plus irrégulière, manifestement elles ne sont pas atteintes par l'endophyte toutes à la fois. Le Fusarium apporté par le tubercule doit les atteindre peu à peu à mesure qu'il s'étend de plus en plus loin dans le sol. On ne peut pas chercher de concordance exacte entre la date de sortie des racines et la date d'infection. L'infection doit devenir progressivement de plus en plus importante vers la fin de la première période jusqu'au moment où la tuberculisation commence.

Il y a donc ici dans l'infection, selon toute vraisemblance, une certaine irrégularité ; de suite il est à remarquer que le mode de végétation de la Pomme de terre est moins régulier que celui des Ophrydées. « La récolte des Pommes de terre, dit Couturier, est sans contredit une des plus attrayantes... L'attention y est continuellement tendue : on marche à la découverte, car on se trouve dans l'inconnu. A chaque coup de crochet donné, on met à l'air un produit plus ou moins important par son abondance ou par sa beauté. Tantôt c'est un succès exceptionnel, tantôt c'est une complète déception. » (1)

Si, dans le cas de la Pomme de terre comme dans celui des Ophrydées, l'infection a bien un rapport avec la tubérisation, il est présumable que c'est à l'irrégularité plus grande de l'infection qu'est due la variabilité du mode de végétation plus considérable dans le premier cas que dans le second. Par les expériences que

____

(1) *Agriculture moderne*, 1896.

j'ai entreprises et que je vais rapporter, j'ai voulu savoir s'il en était bien ainsi et si en assurant une infection plus précoce et plus régulière des racines de Pomme de terre, on rendait plus réguliers la précocité et le rendement qui sont, dans les conditions ordinaires de la culture, assez largement variables.

§ III. — CULTURES EXPÉRIMENTALES.

Les cultures que j'ai réalisées ont le même principe général, j'indique tout d'abord ce qui leur est commun.

Je me suis servi pour la plantation de tubercules de la variété « Marjolin ». Cette variété hâtive a l'avantage de se prêter à des expériences dont la durée est courte. Les tubercules employées provenaient de la maison Vilmorin. Suivant l'époque de la plantation les bourgeons en étaient plus ou moins développés, ce qui expliquera la durée un peu variable des expériences. Dans chaque expérience tous les tubercules plantés étaient aussi comparables que possible, à bourgeons également développés.

Les cultures ont été faites soit en pots séparés, en serre tempérée, dans du sable siliceux fin et homogène provenant de la forêt de Fontainebleau (Exp. I et II); soit en pleine terre, à Fontainebleau même, dans un sol sablonneux homogène qui n'avait pas été récemment fumé et où il n'avait jamais été cultivé de Pommes de terre. (Exp. III et IV).

Dans chaque expérience les tubercules ont été répartis en deux lots égaux plantés comme suit :

Premier lot (infesté expérimentalement). — *Une contamination précoce et régulière des racines par le* Fusarium Solani *a été assurée :* j'ai placé pour cela au moment de la plantation, autour de la base du bourgeon d'où devaient sortir les racines, du mycélium abondamment développé en culture pure. Dans les expériences I et II je me suis servi de mycélium prélevé par raclage à la surface de fragments de Pomme de terre stérilisés, sur lesquels la culture pure avait été faite. Dans les expériences III et IV, le Fusarium a été cultivé dans de larges tubes contenant du fumier de ferme consommé, stérilisé. Le contenu d'un tube est placé autour de chaque tubercule. On introduit ainsi un seul microorganisme et une quantité minime de fumier (8 à 10 grammes par pied) réunie au même point.

Deuxième Lot (non infesté expérimentalement). — Aucun micro-organisme n'est ajouté à ceux que transporte le tubercule. La contamination doit se produire plus tard et plus irrégulièrement par suite seulement du développement des germes que chaque tubercule apporte. Dans les expériences I et II, la culture est faite en sable siliceux, milieu évidemment peu favorable à une rapide propagation du mycélium. Dans les expériences III et IV, le sol étant moins pauvre, la contamination peut se faire plus facilement, mais moins vite et moins régulièrement cependant que dans le cas où les racines trouvent dès le début de leur développement un sol largement contaminé. Dans ces deux dernières expériences, une quantité de fumier stérilisé égale à celle introduite avec le Fusarium pour le premier lot, est répartie dans le terrain où se fait la culture, mais non placée autour des tubercules (1). A part la condition de l'infection, il n'y a donc de différence entre les deux lots que pour la répartition d'une très minime quantité de fumier.

J'ai réalisé ainsi, toutes choses sensiblement égales d'ailleurs dans chaque cas :

Un premier lot à contamination précoce et régulière ;

Un second lot à contamination plus tardive et irrégulière.

La récolte a été faite soit au premier moment de l'apparition des tubercules (on en juge à l'aspect extérieur par l'apparition des bourgeons floraux sur la plupart des pieds), c'est le cas de l'expérience I, soit un peu plus tard (Exp. II et III), soit au moment où les tubercules sont habituellement récoltés pour être vendus comme primeurs, c'est le cas de l'expérience IV.

Voici la statistique des diverses expériences :

EXPÉRIENCE I

4 décembre 1900 à 3 février 1901.

Deux lots de 5 tubercules chacun (2) ; culture en pots séparés, dans

---

(1). Si l'on répartissait autour des tubercules du fumier stérilisé, on créerait par là même, un milieu éminemment favorable à la propagation des germes apportés par le tubercule et on se trouverait, au point de vue de l'infection, dans une condition bien peu différente de celle du premier lot. Le fait que les tubercules ne sont pas aseptiques, rend absolument illusoire de stériliser le sol. J'ai admis que dans les sols choisis comme j'ai dit, le *Fusarium Solani* n'existait pas, au moins abondamment.

(2) Huit tubercules pour chaque lot avaient été plantés. Au moment de la récolte, trois dans chaque lot n'avaient encore développé aucun des bourgeons de leur base ; ils ne donnaient de renseignement dans aucun sens ; je n'ai pas à en tenir compte dans la statistique.

du sable siliceux. L'infection du premier lot est assurée par du mycélium pur, obtenu à partir de racines de pieds tuberculeux de la même variété ; le sol ne contient donc aucun engrais. Les bourgeons des tubercules sont peu développés au moment de la plantation. L'expérience est faite en serre tempérée, la récolte effectuée au moment de l'apparition des premiers tubercules.

Au moment de la récolte, le développement des tiges principales est comparable dans les deux lots, elles ont de 5o à 8o cent. de haut, presque toutes portent des bourgeons floraux. Toutes ont des pousses de second ordre se développant à leur base sous terre, soit en stolons grêles, soit en tubercules. On fait le compte des pousses de chaque catégorie pour chaque pied. Le résultat d'ensemble est le suivant :

	PREMIER LOT Infection régulière et précoce	DEUXIÈME LOT Infection irrégulière et tardive
Nombre total des pousses à bourgeon tuberculisé. . .	23	4
Nombre total des pousses développées en stolons grêles .	3	21

Dans le premier lot, tous les pieds portent des tubercules. Ces tubercules, à l'exception de deux, sont immédiatement appliqués contre la tige principale ; l'évolution des bourgeons en tubercules s'est donc produite dès le début de leur développement. Les trois pousses portées comme stériles sont des pousses très courtes dont l'état est douteux. *La tubérisation a été précoce et régulière.*

Dans le second lot, tous les pieds portent des stolons grêles atteignant jusqu'à 10 centimètres de long. Deux pieds seulement ont de petits tubercules formés tardivement à l'extrémité de stolons grêles ayant 4 à 5 centimètres de long. *La tubérisation a été faible, tardive et irrégulière.*

Le poids des récoltes des deux lots, à ce moment, est sans intérêt, j'ai négligé de le prendre. Il aurait été presque nul dans le second lot, le plus gros des quatre tubercules ne dépassant pas 1 centimètre de plus grand diamètre, et beaucoup plus grand dans le premier, le plus gros des tubercules formés atteignant 55 millimètres de long.

EXPÉRIENCE II

23 octobre 1900 à 2 février 1901.

Deux lots de 6 tubercules chacun, expérience exactement de même type que la précédente, mais de plus longue durée. La statistique comparable est la suivante :

	PREMIER LOT Infection régulière et précoce	DEUXIÈME LOT Infection irrégulière et tardive
Nombre total de pousses à bourgeon tuberculisé	15	7
Nombre total de pousses développées en stolons grêles . .	2	10

Tous les pieds du premier lot portent des tubercules qui, à l'exception de 3, sont appliqués contre la tige principale.

Dans le deuxième lot trois pieds sur 6 seulement portent des tubercules, qui sont également appliqués contre la tige.

La plus longue durée de l'expérience (101 jours au lieu de 60) explique suffisamment que la différence entre les deux lots soit moins marquée que pour l'expérience I, les chances de contamination devenant avec le temps plus grandes pour le second lot.

De ces deux expériences je déduis que la formation des tubercules est plus précoce et plus régulière pour les plantes précocément et régulièrement infestées. Il n'est pas douteux que, si l'on laisse de telles expériences se poursuivre plus longtemps (1), les plantes du second lot finiront par se contaminer plus régulièrement. Il est clair aussi que dans ces conditions très voisines de celles de la culture ordinaire, elles finiront par donner des tubercules. Cependant il pourra persister, pendant quelque temps au moins, des différences appréciables par le nombre ou la grosseur des tubercules. Les expériences qui suivent ont été entreprises pour constater s'il existait bien des différences de cette nature et de quel ordre elles étaient à des stades plus avancés du développement. La statistique de ces expériences porte donc sur le nombre et le poids des tubercules.

EXPÉRIENCE III

29 avril 1900 au 2 août 1900.

Deux lots de 12 tubercules. Culture en pleine terre. L'infection du premier lot est assurée par du fumier contaminé avec un Fusarium de même origine que dans l'expérience I. Les tubercules plantés ont les bourgeons moyennement développés. Les tubercules produits dans

(1) On remarquera que la durée des dernières expériences n'est pas sensiblement plus grande que la durée des premières. A cette saison plus avancée, les bourgeons des tubercules qu'on plante sont notablement développés, la végétation a donc en réalité commencé, sans infection, bien avant l'époque de la plantation.

chaque lot sont récoltés séparément, comptés et pesés. Le résultat d'ensemble est le suivant :

	PREMIER LOT Infection régulière et précoce	DEUXIÈME LOT Infection irrégulière et tardive
Nombre total de tubercules	81	69
Poids total de la récolte	871 gr.	360 gr.

Les tubercutes des deux lots sont encore d'assez petite taille, mais beaucoup plus pour le second (poids moyen 5 gr. 2) que pour le premier (poids moyen 10 gr. 8). Ce qui vraisemblablement indique que la précocité a été plus grande pour le premier lot que pour le second.

EXPÉRIENCE IV

28 avril 1900 au 4 août 1900.

Deux lots de 40 tubercules. Conditions générales comparables à celles de l'expérience précédente, avec les deux différences suivantes : lés tubercules employés ont des bourgeons bien développés à la lumière, le Fusarium servant à la contamination provient de tubercules de la même variété et non de racines (formé à mycélium abondant en culture et spores en Fusarium rares). La statistique comparable est la suivante.

	PREMIER LOT Infection régulière et précoce	DEUXIÈME LOT Infection irrégulière et tardive
Nombre total de tubercules	368	273
Poids total de la récolte	6.650 gr.	5.260 gr.

La récolte est faite ici au moment où les tubercules, bien développés, sont vendables comme primeurs. Le nombre de tubercules, comme dans toutes les expériences précédentes, est plus grand pour le premier lot que pour le second. Mais il est à remarquer que la la grosseur moyenne des tubercules est sensiblement la même (poids moyen d'un tubercule : premier lot 18 gr., second lot 19 gr.)

Ce résultat est facile à interpréter si on le compare à ceux des expériences précédentes, voici comment je le comprends : les tubercules pour les pieds du deuxième lot apparaissent plus tard (Exp. I), sont moins nombreux et d'abord plus petits (Exp. III). Dans la suite, les plantes du second lot ayant formé moins de tubercules, l'aliment qui arrive à chacun est proportionnellement plus considérable, ils grossissent plus vite que ceux plus nombreux du premier lot ; la différence de poids qui se constatait au début doit s'atténuer. On remarquera qu'il y a encore pour le premier lot une augmentation du rendement en poids, qui est de environ 1/4. Cette différence s'atténuerait sans doute encore par la suite, si on laissait les tubercules arriver à complète maturité.

En récoltant les tubercules, il était facile de s'apercevoir que la diminution de leur nombre pour le second lot était bien due à ce qu'un certain nombre de bourgeons s'étaient développés en stolons stériles (1).

Les plantes du second lot ont plus souvent des stolons complètement stériles que celles du premier; pour beaucoup les tubercules se sont développés à l'extrémité de stolons grêles plus ou moins allongés. Les plantes de ce second lot sont, comme disent les agriculteurs, *plus coureuses et moins fertiles* que celles du premier. Il y a entre les plantes des deux lots une différence de port facilement appréciable lors de l'arrachage (2).

(1) J'ai fait avec soin la statistique à ce point de vue de la fréquence relative des deux modes d'évolution des bourgeons pour deux lignes de 10 tubercules chacune, prises dans l'un et l'autre lot. Cette statistique permettra de mieux apprécier les causes de la différence ; j'y tiens compte du nombre de tubercules développés précocement et appliqués contre la tige principale (tubercules non pédiculés) comparé à celui des tubercules apparus tardivement à l'extremité de stolons grêles antérieurement formés (tubercules pédiculés).

NOMBRE DE

	Stolons stériles	Tubercules	Tubercules pédiculés (tardifs)	Tubercules non pédiculés (précoces)
Premier lot	7	99	34	65
Deuxième lot . .	22	66	33	33

(2) Un point est à préciser ici : l'augmentation de précocité est un résultat de ces expériences que l'idée que je développe amenait à prévoir. mais il n'en est pas de même pour l'augmentation du rendement en poids. *A priori* il n'y aurait pas lieu d'admettre que cette augmentation de rendement soit une conséquence nécessaire de l'infection précoce. Une infection précoce et étendue des racines peut en effet être préjudiciable au développement de l'appareil aérien qui, en somme, fournit l'amidon. Pour la variété Marjolin, l'appareil aérien reste toujours assez peu développé, et dans mes expériences il l'était à très peu près également pour l'un et l'autre lot. Il y a ici une augmentation du rendement en poids, qui m'intéresse à peu près uniquement parce qu'elle paraît le résultat d'un tubérisation plus précoce et plus régulière. Mais il est parfaitement possible qu'une semblable augmentation ne se produise pas pour des variétés tardives qu'on récolte au moment de la parfaite maturité des tubercules, et qu'on ait pour ces variétés avantage à laisser le développement de l'appareil aérien se faire largement avant l'infection. *Je n'ai nullement, en un mot, la prétention de résoudre en général la question complexe du rendement des pommes de terre.* Certes, je suis convaincu que dans les expériences d'horticulture et d'agriculture, pour les cas que j'étudie ici et pour bien d'autres, il faudra un jour ou l'autre tenir compte des infections dont je recherche les effets, mais c'est là une question complexe que, pour le moment, je ne puis aborder.

Les conclusions que je tire de ces expériences sont en résumé les suivantes : *l'infection plus régulière et plus précoce entraîne une tubérisation plus précoce et plus régulière.* Pour les pieds régulièrement infestés, le nombre des bourgeons qui se tuberculisent est plus grand. Au plus grand nombre de tubercules correspond, en ce cas, un plus grand rendement en poids. La différence à ce point de vue, bien marquée tout d'abord, s'atténue par la suite, la croissance des tubercules étant plus lente sur les pieds qui en portent le plus grand nombre.

Les faits généraux sur lesquels je m'appuie pour comparer les Ophrydées et la Pomme de terre étant maintenant établis, je m'attacherai à montrer qu'on trouve des motifs nouveaux pour rapprocher ces plantes dans l'étude des conditions de leur culture ou de leur acclimatation.

§ VI. — Introduction en Europe et culture de la Pomme de terre

La Pomme de terre, comme la plupart des Orchidées horticoles, n'est pas originaire de notre continent. Importée d'Amérique vers la fin du XVIᵉ siècle, elle se répandit peu à peu, d'abord en Angleterre, puis dans l'Europe centrale et enfin en France, où, grâce aux efforts admirables de Parmentier, sa culture prit dès la fin du XVIIIᵉ siècle, l'importance qu'elle a gardée.

Dans ce cas, comme dans celui des Orchidées, la manière dont l'introduction a été faite, les moyens par lesquels la culture a été répandue, ceux qu'on a employés pour perfectionner l'espèce, fournissent plus d'un sujet de réflexions. Je ne ferai que quelques remarques sur les faits de cet ordre qui m'ont particulièrement frappé.

Dans le cas des Orchidées, le fait que les endophytes, transportés par les bulbes et les rhizomes ne l'est pas par les graines, m'a servi à comprendre comment, l'introduction de ces plantes ayant été faite par rhizomes ou bulbes, leur propagation par graines est devenue possible après qu'elles et leurs endophytes ont été bien acclimatés.

Dans le cas de la Pomme de terre, les tubercules transportent comme j'ai dit l'endophyte, les graines ne le transportent pas ; l'infection de la plante en ce cas reste encore limitée aux racines

et n'atteint pas les fruits ; des graines de Pomme de terre extérieurement lavées au sublimé, germent sur les milieux stériles sans
les contaminer. C'est une expérience que j'ai souvent faite.

Or l'introduction de la Pomme de terre a été faite en Europe
par des tubercules ; c'est à partir de tubercules qu'elle a été cultivée tout d'abord, et il semble qu'on ait songé assez tardivement à
la méthode des semis, à une époque où la plante était largement
cultivée et assez estimée pour qu'on recherchât par semis à obtenir
des variétés nouvelles. On a donc dû, au début de la culture, introduire et acclimater en même temps que la plante même son endophyte normal (1).

L'histoire des premières tentatives de germination est moins
bien connue dans ce cas que dans celui des Orchidées. Il existe
cependant à ce sujet un document précis dont l'ancienneté fait
l'intérêt. Charles de l'Escluse, qui, le premier sans doute, à la fin
du XVIe siècle, cultiva la Pomme de terre en Allemagne et contribua
à la répandre par les envois qu'il fit de tubercules et de graines,
rapporte dans son *Rariorum plantarum Historia* (2) que « l'on ne
doit compter pour la conservation de l'espèce que sur les tubercules. » Les graines qu'il avait envoyées à ses amis germaient parfaitement, *mais les plantes obtenues donnaient des fleurs et ne produisaient
pas de tubercules*. E. Roze (3), qui cite ce passage de l'ouvrage de
de L'Escluse, en constate fort justement l'intérêt. Les choses se
passent aujourd'hui différemment : les agriculteurs qui font de la
Pomme de terre l'objet d'une culture spéciale, pratiquent les semis,
mais généralement *les plantes qu'ils obtiennent donnent dès la pre-*

(1) De même que, pour la culture des Orchidées, les horticulteurs après de
nombreux essais sont arrivés à choisir des sols favorables au développement des
endophytes, il paraît ici qu'on ait employé assez tôt une méthode favorable à la
propagation du *Fusarium Solani* dans les sols où la culture se fait. « Les engrais
des trois Règnes, dit Parmentier (loc. cit. p. 74) sont bons pour la reproduction
des Pommes de terre ; *il s'agit de les distribuer convenablement*, en mettant dans
les trous creusés par la bêche ou dans les sillons tracés par la charrue des fumiers
placés immédiatement sur le tubercule. » C'est, comme je l'ai dit, une méthode
essentiellement favorable à la propagation du mycélium du tubercule semence
aux racines et aux tubercules nouveaux.

(2) Publié à Anvers en 1601.

(3) *Histoire de la Pomme de terre* (Paris 1898), page 91. On trouvera dans
ce livre particulièrement bien documenté sur ce sujet la traduction intégrale de
tous les passages des ouvrages de de l'Escluse relatifs à la Pomme de terre ; j'y ai
emprunté la courte citation qui précède.

mière année des tubercules et ne fleurissent pas. Un grand nombre des variétés, qu'aujourd'hui on cultive, ont ainsi des semis pour origine ; elles sont autant que d'autres contaminées de Fusarium, comme le prouve à elle seule l'histoire de leurs maladies. Ainsi les horticulteurs d'Orchidées obtiennent aujourd'hui par semis des hybrides tout autant infestés que les plantes parentes bien que les graines ne le soient pas. *Dans un cas comme dans l'autre, ce n'est qu'à partir du moment où les endophytes ont été acclimatés aussi bien que les plantes mêmes qu'on obtient des semis le résultat qu'on en attend et que la tubérisation paraît héréditaire.*

L'introduction par tubercules, qui, en définitive, a réussi, n'a pas été non plus sans difficultés. Un des premiers mémoires de Parmentier est consacré à la dégénération des Pommes de terre (1). « Malgré les avantages réunis de la saison, du sol et de tous les soins que demande sa culture, dit-il, la Pomme de terre dégénère, et cette dégénération, plus marquée dans certains cantons, a été portée a un tel degré que, dans quelques endroits du Duché des Deux-Ponts et du Palatinat, la plante, au lieu de produire des tubercules charnus et farineux, n'a plus donné que des racines chevelues et fibreuses, quoiqu'elle fût pourvue comme à l'ordinaire de feuilles, de fleurs et de fruits ou baies. » Parmentier montre ensuite qu'il n'y a lieu d'attribuer ni à la gelée, ni au défaut de maturité des tubercules, ni à la multiplication par œilleton « cette espèce de calamité pour les pays qui l'éprouvent », il y voit un résultat « de l'affaiblissement du germe des racines » (2).

L'étude des Ophrydées m'a fourni deux exemples d'une sem-blable dégénération par la culture, qui est bien plutôt, comme l'observe Fabre, un retour de ces végétaux aberrants à un déve-loppement normal. Les Ophrydées venant de tubercules peuvent s'affranchir de l'infection ; si elles étaient aussi largement cultivées que la Pomme de terre, il n'est guère douteux qu'il y aurait plus de deux cas de dégénération à y citer.

Quoi qu'il en soit, le fait que les Pommes de terre puissent vivre, fleurir et fructifier sans tubériser leurs bourgeons, force bien à rechercher, pour la tubérisation, une cause accessible à l'expérience.

(1) Mémoire lu à la Société royale d'Agriculture, le 30 mars 1786.
(2) Il ne saurait au reste être ici question de la Maladie de la Pomme de terre due au *Phytophtora infestans* qui n'est apparue en Europe qu'en 1845.

Une observation récente vient, dans ce cas particulier même, donner une nouvelle raison de croire que cette cause est l'infection.

Il s'agit, en somme, d'un cas de dégénération par l'action prolongée des antiseptiques. M. Lindet, qui l'a observé en poursuivant un but tout autre que le mien, a eu l'obligeance de me le faire connaître avant même de donner, en le publiant (1), une confirmation de l'idée que je venais d'émettre (2).

Dans le but de combattre la *gale*, maladie bactérienne des tubercules, M. Lindet, continuant des expériences d'Aimé Girard, traite par le bichlorure de mercure les tubercules qui doivent être plantés. Pour d'autres lots, il emploie le bichlorure à l'arrosage du sol, où se fait la culture. Par ce traitement, la végétation ne paraît pas gênée, les rendements sont bons aux premières récoltes. Le traitement est poursuivi pour les tubercules récoltés et continué pendant quatre générations ; des tubercules provenant de pieds mercurés sont, chaque fois, cultivés comparativement sans subir de traitement nouveau. A la seconde génération, les rendements diminuent de 33 et de 22 p. 100, suivant que les Pommes de terre ont été, au moment de la plantation, mercurées ou non. A la troisième génération, les rendements diminuent de 60 et 67 p. 100 ; à la quatrième, de 68 et 57 p. 100 : « Le bichlorure de mercure, dit M. Lindet, a donc diminué d'une façon indiscutable les qualités reproductives des pommes de terre de semence ».

Je vois là une expérience inverse de celles que j'ai faites en assurant une contamination régulière et étendue du sol. Le traitement au sublimé des tubercules, autant qu'on peut le prolonger sans nuire aux bourgeons, n'entraîne pas la disparition complète des Fusarium ; j'ai moi-même traité les tubercules au sublimé pour en avoir ces champignons à peu près purement. Il n'en est pas moins certain qu'on peut détruire, en partie au moins, les germes que chaque tubercule entraîne et rendre par là plus irrégulière la contamination du sol et celle des tubercules nouveaux. Ceux-ci, même non mercurés, donnent un rendement moindre, qui diminue encore s'ils ont subi un nouveau traitement. A mon sens on a fait ici une sorte de stérilisation fractionnée, de tubercule en tubercule, pour aboutir en définitive à n'avoir qu'une infection faible et irré-

(1) *Bull. des séances de la Soc. nat. d'Agriculture de France* (mars, 1901).
(2) *Comptes-Rendus* (11 Février 1901).

gulière du sol et par suite un rendement insignifiant. C'est au moins une explication logique que je puis donner d'expériences que je n'ai pas suivies de près moi-même ; M. Lindet l'a acceptée.

Prillieux et Chauveau proposent une autre explication : « On admet, dit Prillieux, qu'il y a dans le sol des bactéries utiles. Elles peuvent avoir été détruites dans les expériences de M. Lindet ». « On pourrait admettre, ajoute Chauveau, que le bichlorure de mercure ait une influence destructive sur les bactéries utiles de la terre et que, de cette façon, il puisse influer sur la récolte. » Il ne me paraît pas que cette manière de voir puisse expliquer que les tubercules venant de parents mercurés, mais non mercurés eux-mêmes donnent de moindres rendements. Je ne sais de quelles bactéries Prillieux et Chauveau veulent parler, mais je ne crois pas qu'il y ait encore d'argument d'aucune sorte permettant de croire que des bactéries interviennent *pour rendre plus fréquent ou plus précoce un mode d'évolution déterminé des bourgeons* ; c'est, si je comprends bien, ce qu'il faudrait entendre ici par leur *utilité*.

La dégénération liée ici à l'action prolongée d'un antiseptique peut, comme j'ai dit, apparaître sans cela, fréquemment elle se produit quand on cultive longtemps une même variété en un même lieu. D'après Aimé Girard, qui a consacré à cette question une longue et patiente étude expérimentale (1), ce fait est certain mais il n'est pas fatal. Si l'on a soin de garder chaque année pour la plantation les tubercules des pieds qui ont fourni les rendements les plus élevés, la dégénérescence ne se produit pas. Les tubercules venant de pieds à grand rendement. de quelque grosseur qu'ils soient, donnent l'année suivante des pieds à rendements sensiblement égaux ; les tubercules des pieds à rendements faibles, qu'ils soient gros ou petits, donnent par la suite des rendements inférieurs : c'est par eux que la dégénérescence des plantes se produit, la sélection peut l'empêcher.

Aimé Girard tire de ses expériences la conclusion que le rendement tient à des qualités héréditaires ; il me paraît qu'on doit l'admettre en effet, et il est assez évident qu'un pied ne pourra être très productif que s'il est vigoureux et si son appareil aérien

(1) A. Girard. — *Recherches sur la culture de la Pomme de terre industrielle et fourragère* (Paris, 1900).

bien constitué peut former en assimilant assez de sucre pour que les tubercules qui se forment puissent grossir normalement. Il faut remarquer seulement que, dans l'hypothèse où je me place, une plante à grand rendement doit être non seulement vigoureuse, mais encore bien infestée ; les tubercules qui se forment dans la partie du sol où cette plante croît doivent être à leur tour plus largement contaminés que les tubercules de plantes coureuses et peu fertiles, pauvrement infestées. Si la formation des tubercules est, comme je le pense, un symptôme de l'infection, il n'est pas douteux qu'on peut, par sélection, maintenir et propager, en même temps que des races bien constituées de la plante, la maladie infectieuse qui nous permet de l'utiliser.

RÉSUMÉ GÉNÉRAL

Je donne ici avant de conclure un résumé des arguments de Biologie comparée qui m'ont guidé dans l'ensemble des recherches que je viens d'exposer.

J'ai désigné par le terme de tubérisation un mode de développement spécial caractérisé par la lenteur de la différenciation morphologique et histologique des points végétatifs ou des bourgeons, et par la mise en réserve concomitante des aliments non utilisés pour la différenciation.

Les plantes que j'ai étudiées peuvent être classées, par leurs *modes de tubérisation*, en trois catégories.

I. — Il y a *tubérisation précoce et permanente* dans le cas du *Neottia Nidus-avis*. Les plantules sont tubérisées dès le plus jeune âge, la différenciation du bourgeon terminal est très lente en tout temps, ce bourgeon produit un enchaînement de tubercules. L'accumulation d'amidon est constante au cours de la vie.

II. — Il y a *tubérisation précoce et périodique* dans le cas des Ophrydées. Les jeunes plantules tubérisées ressemblent à celles du Néottia ; mais dans la suite on peut distinguer dans le développement des bourgeons des périodes de tubérisation, alternant avec des périodes de différenciation normale. Les tubercules se forment pendant les périodes de tubérisation ; les feuilles et les fleurs se différencient pendant les périodes de différenciation.

III. — Il y a *tubérisation tardive et périodique* dans le cas de la Ficaire et de la Pomme de terre. Les plantules se différencient d'abord normalement ; plus ou moins tardivement la tubérisation des bourgeons commence ; il se forme des tubercules. A partir de cette première période de tubérisation les choses se passent comme chez les Ophrydées.

Les plantes que je cite ici sont, au moins à certains moments de leur vie, infestées par des champignons endophytes. L'infection se fait au cours de la vie à des époques précises bien définies dans chaque cas, différentes dans des cas divers. Le phénomène de l'infection qui se montre ainsi lié d'une façon étroite aux phéno mènes généraux de l'évolution de la plante est un caractère biologique bien défini qui peut être utilisé pour une classification. Or la classification faite d'après *les modes d'infection* aboutit à grouper les cas que j'étudie de la même manière que la classification faite d'après les *modes de tubérisation*.

I. Il y a *infection précoce et permanente* dans le cas du *Neottia Nidus-avis*. L'infection est réalisée dès le début de la germination ; au cours de la vie la plante est constamment infestée.

II. Il y a *infection précoce et périodique* dans le cas des Ophrydées. L'infection est réalisée une première fois au début de la germination comme chez le Néottia ; mais dans la suite les bourgeons s'isolent périodiquement avec des tubercules indemnes et sont pour un moment à l'abri de toute infection. Il y a lieu de distinguer des *périodes d'infection* alternant avec des *périodes de non infection*. Les périodes de tubérisation coïncident avec les périodes d'infection ; les périodes de différenciation coïncident avec les périodes de non infection.

III. *Il y a infection tardive et périodique* dans le cas de la Ficaire et de la Pomme de terre. L'infection ne se réalise qu'un certain temps après la germination. La vie commence par une période de non infection pendant laquelle il y a différenciation normale des plantules. A partir de la première infection les choses se passent comme chez les Ophrydées.

Je me suis attaché à établir le parallélisme qui existe entre ces deux classifications ; j'ai cherché de plus à montrer que cette coïncidence n'est pas accidentelle, et que, à des variations du mode d'infection dans chaque cas correspondent des variations parallèles du mode de tubérisation. J'espère être arrivé par l'étude de plantes très diverses à des résultats susceptibles de généralisation.

CONCLUSIONS

Les plantes très diverses que j'ai comparées dans ce travail sont du nombre de celles dont les racines sont normalement infestées par des champignons filamenteux. Dans les cas dont je me suis occupé ces champignons sont spécifiquement peu éloignés les uns des autres, ils appartiennent aux genres *Nectria*, *Hypomyces* ou à des genres voisins.

Un mode singulier de développement des bourgeons se présente chez toutes ces plantes : au lieu de croître en donnant des rameaux feuillés suivant le mode le plus général d'évolution des bourgeons chez les végétaux, ces bourgeons forment des *tubercules* où les aliments actuellement inutilisés s'accumulent.

Par des arguments très divers tirés de la Biologie comparée ou de l'expérimentation, j'ai été amené à concevoir la *tubérisation des bourgeons* comme une conséquence et un symptôme de l'*infection des racines*. L'action des champignons infestant les racines doit être comprise en ce cas comme une *action à distance* qui peut s'expliquer par la diffusion de produits solubles dans le corps de la plante.

Parmi les conclusions auxquelles j'ai été incidemment amené au cours de ces recherches, je retiendrai ici celle qui résulte de l'étude de la germination des Orchidées :

Les graines rudimentaires de ces plantes ne se développent que lorsqu'un champignon les a atteintes et a pénétré certaines de leurs cellules. Leur germination ne peut pas se produire sans l'action de ce microorganisme.

Ce travail a été fait au Laboratoire de Botanique de l'École Normale Supérieure dirigée par M. J. Constantin et aussi au Laboratoire de Biologie végétale de Fontainebleau dirigé par M. Gaston Bonnier.

J'adresse mes plus sincères remerciements à mes maîtres, qui m'ont souvent encouragé dans ces recherches.

Vu et approuvé :

Paris, le 26 Juillet 1901.

Le Doyen de la Faculté des Sciences,

G. DARBOUX.

Vu et permis d'imprimer :

Le 26 Juillet 1901.

Vice-Recteur de l'Académie de Paris,

GRÉARD.

DEUXIÈME THÈSE

PROPOSITIONS DONNÉES PAR LA FACULTÉ

1° ZOOLOGIE. — Cycle évolutif des Trématodes.

2° GÉOLOGIE. — Vosges. Histoire géologique.

Vu et approuvé :

Paris, le 26 Juillet 1901

Le Doyen de la Faculté des Sciences.

G. DARBOUX.

Vu et permis d'imprimer :

Le 26 Juillet 1901.

Le Vice-Recteur de l'Académie de Paris,

GRÉARD

EXPLICATION DES PLANCHES

PLANCHE I.

Fig. 1-2. — *Orchis maculata.*

1. — Pied récolté le 31 mars, n'ayant pas développé de racines. B, bourgeon principal ; *b*, bourgeon de second ordre développé en rameau Gr. 2.

2. — Coupe d'ensemble d'une partie de la même plante passant par les axes des bourgeons B et *b*. Gr. 4.

Fig. 3-6. — Plantules d'*Orchis montana*.

3. — Plantule récoltée en mai. *t*, tubercule de première année ; *r*, rhizome portant des écailles et des poils ; *t₂*, tubercule de seconde année. Gr. 2.

4. — Coupe d'ensemble de la même plantule passant par le bourgeon terminal. La zone infestée dans le tubercule de première année (t_1) et dans le rhizome (*r*) est indiquée en pointillé. Gr. 2.

5. — Plantule dérivant d'un petit tubercule (*t*) détaché d'une plante adulte. Récoltée en mai. *f*, fragment de la tige de la plante adulte sur laquelle le tubercule s'est formé ; *r*, rhizome portant des poils et des écailles. *t'* tubercule produit par le bourgeon terminal. Gr. 2.

6. — Coupe d'ensemble de la même plantule passant par le bourgeon terminal. *e*, une écaille du rhizome. La zone infestée du rhizome est indiquée en pointillé. Gr. 2.

Fig. 7-8. — Plantule de *Ficaria ranunculoides* (Germination).

7. — Aspect d'ensemble de la plantule récoltée en mai. *r*, racines infestées ; *a*, axe hypocotylé ; *b*, bourgeon terminal produisant un tubercule *t* ; *c*, cotylédon. Gr. 2.

8. — Une partie de la même plantule montrant l'insertion du tubercule sur le bourgeon terminal et la base engaînante du pétiole cotylédonnaire. Gr. 12.

PLÁNCHE II.

Fig. 9-15. — *Neottia Nidus-avis* (Germination).

9. — Graine, coupe longitudinale. Le trait *t* indique la place et la forme générale du tégument, *m*, région où le tégument s'attache au placenta (côté du hile et du micropyle) ; *s*, pôle suspenseur de l'embryon ; *v*, pôle végétatif. Gr. 93.

10. — Graine au début de la germination, coupe longitudinale, même signification des lettres que pour la fig. 9. Gr. 98.

11. — Coupe longitudinale d'une plantule, au cours de la première année du développement. Au-dessous de l'épiderme indemne se trouve, dans la région moyenne, la zone infestée où l'on voit des cellules à peloton de filaments distincts (*p*) et des cellules à peloton dégénéré (*v*) irrégulièrement réparties. Au centre, cellules allongées formant un cylindre central entouré de parenchyme amylacé. *r*, *r*, points végétatifs des premières racines. Gr. 65 (1).

12. — Aspect extérieur d'une plantule plus avancée. B, bourgeon terminal ; T, premier tubercule ; A, axe embryonnaire ; *t*, tégument de la graine. Gr. 8.

13. — Plantule la plus avancée de celles que j'ai trouvées en mai, mêmes indications. Gr. 8.

14. — La même vue de face, *r*, *r*, *r*, racines du premier tubercule. Gr. 13.

Fig. 15-16. — *Neottia Nidus-avis* (Bourgeonnement des racines).

15. — Coupe longitudinale de l'extrémité d'une racine R donnant un tubercule T, *i*, zone infestée ; *a*, parenchyme amylacé ; *c*, cylindre central. Gr. 25.

16. — Aspect extérieur d'une autre racine bourgeonnante (R) détachée d'un rhizome. Le tubercule terminal T déchire la coiffe de la racine, une première écaille est différenciée. Gr. 5.

PLANCHE III.

Fig. 17-20. *Neottia Nidus-avis*. — (Multiplication par développement de bourgeons).

17. — Un pied entier en voie de développement. B, bourgeon principal ; *b*, bourgeon de second ordre se développant en rhizome. La plupart des racines ont été enlevées. Gr. ⁵/₃.

(1) Le diamètre des hyphes a été, dans cette figure, un peu exagéré.

18. — Une plante entière récoltée en avril, dont le bourgeon principal B et un bourgeon de second ordre *b* sont sur le point de se développer en hampes florifères. Les racines ont été enlevées. Gr. 2.

19. — Coupe transversale d'un groupe de bourgeons se développant à la partie moyenne d'un rhizome de plante adulte : *b*, bourgeon de second ordre ; b'_1, b'_2, bourgeon de troisième ordre ; *i*, zone infestée du rhizome, s'étendant à la base du groupe de bourgeons ; *a*, parenchyme amylacé ; *v*, zone vasculaire. Gr. 2

20. — Groupe de jeune hampes florales résultant du développement d'un bourgeon de second ordre (*b*) d'un rhizome : *a*, point d'attache de l'ensemble sur le rhizome ; b'_1, b'_2, bourgeon de troisième ordre ; b''_1, b'_2, bourgeons de quatrième ordre ; b'''_1, b'''_2, bourgeons de cinquième ordre ; *i*, limite supérieure de la zone infestée exceptionnellement étendue à la base des bourgeons *b* et b'_1 dont les hampes florales étaient différenciées mais desséchées. Les racines ont été enlevées ainsi que les écailles, dont on voit les lignes d'insertion. Récolté en avril. Gr. 1.

Fig. 21-22. — Pieds à hampe souterraine.

21. — Développement sur un vieux rhizome d'un bourgeon de second ordre *b*, prêt à donner une hampe enterrée ; *i*, limite supérieure de la zone infestée ; *rr*, racines ; *tt*, racines formant des tubercules terminaux. Récolté en avril. Gr. 2.

22. — Hampe souterraine contournée portant des fruits dont plusieurs contenaient des graines en germination, R, rhizome desséché. Récolté en septembre. Gr. $^4/_3$.

LILLE — IMP. LE BIGOT FRÈRES

N. Bernard del. Imp. Le Bigot. Bertin sc.

1 à 6, *Ophrydées.* — 7 à 8, *Ficaire.*

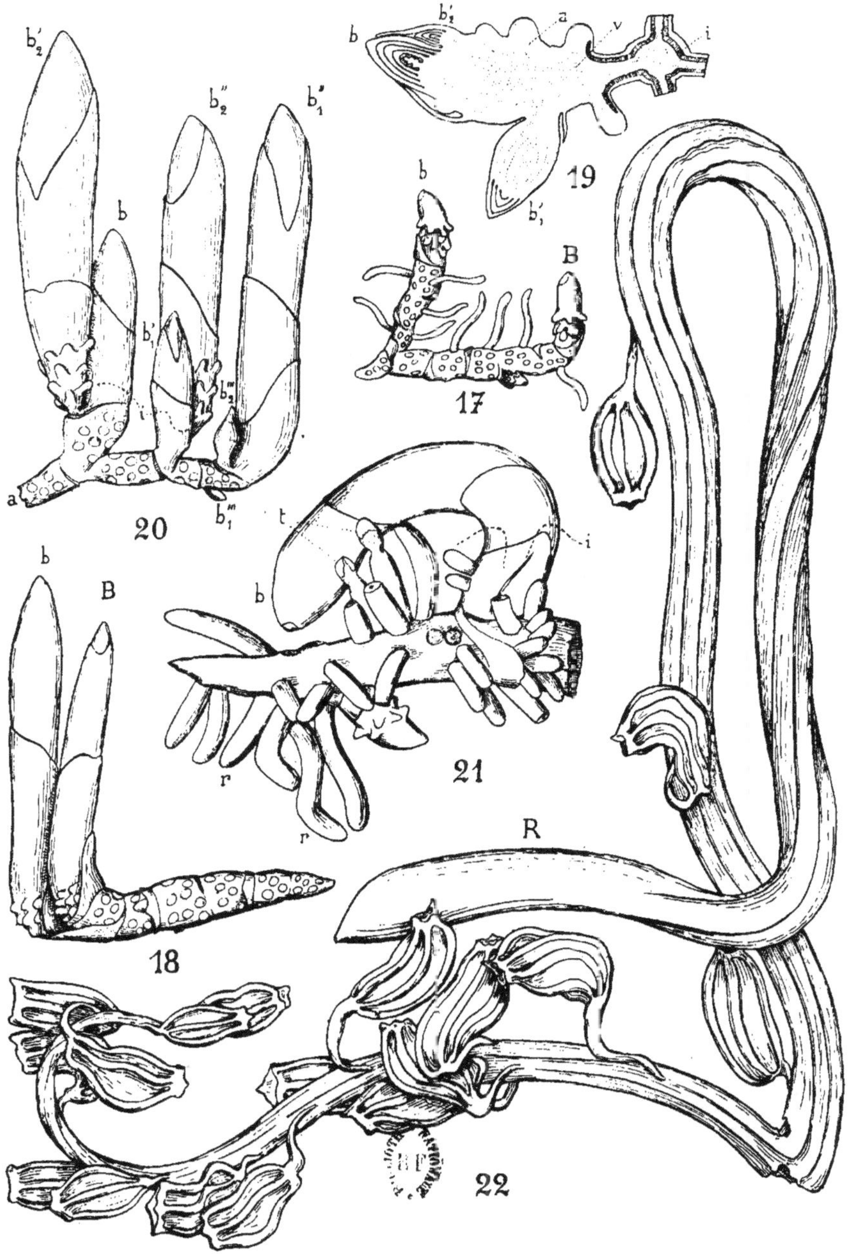

Neöttia Nidus-avis.

www.ingramcontent.com/pod-product-compliance
Lightning Source LLC
LaVergne TN
LVHW020144070726
842527LV00017B/1276